と神

池内了
Ikeuchi Satoru

a pilot of wisdom

はじめに

科学者は神の存在なんか信じていないくせに、「神はサイコロ遊びをしない」とか、「神は細部に宿る」と言って、自然の法則はこういうものであると言明するのに神の名を使ってきた。「かくあるはず」とは思うのだが明確には証明できない、あるいは「そんなはずはない」と確信しているのだが確かに実証できない、そんなとき神の名を援用していかにもそれが真実であるかのように見せつけるためだ。とはいえ、科学の研究で万事が都合よく運ぶ段階においては神は忘れられるものなのだが、困難や矛盾に遭遇すると神が引っ張り出される。さらに、神が登場すれば悪魔も顔を現すように、神に挑戦し謎を投げかける挑発者も現れる。時には、神ですら答えられないパラドックスの地獄に落ち込んで身動きならなくなってしまうこともある。そのような科学者と神との葛藤の歴史をまとめたのが前著の『物理学と神』（集英社新書）であった。そこでは、物理学の発展と科学者の神に対する概念の変化を照応させながら、物理学がいかに鍛えられてきたかを論じてみた。幸い好評で、出版（二〇〇二年初版）後二〇年近く経つのにまだ売れており、ロングセラーになっている。

そこで「柳の下の泥鰌《どじょう》」というわけでもないが、神と宇宙論との関わりの歴史を論じてみようというのが本書である。歴史的に人々が認識する宇宙は拡大してきた。最初は自分たちが住む村の界隈が人々の宇宙であり、そこでは村の長老たちが代々語り継いできた宇宙創成神話が人々の宇宙観の根底になっていた。宇宙はあたかも生命あるもののごとく描かれ、人々も宇宙を創り出した者を偉大ではあるが身近な存在として受け入れていたのである。しかしやがて、太陽や月・惑星の動きを観察し、夜空を彩る星や星座の季節変化を知るなかで、宇宙の創成者が創り上げた星辰世界の秩序に驚嘆し、神の存在と結び付けるようになった。天と神は等値されるようになったのだ。

神が天を差配しているという観念が強くなると、天はどこまで続いており、そこにはいかなる天体や運動があるかを明らかにすることが神の存在証明であり、また神への接近方法となる。始めは人々の宇宙は太陽系に閉じていたが、望遠鏡を手にするようになってからは無数の星の世界、（天の川）銀河、星雲・島宇宙、そして銀河宇宙へと拡大していった。天の世界は幾層にも重なった豊かな構造を隠し持っていることを明らかにしてきたのだ。それは、より遠くの、より暗い天体までも視野に収める技術の勝利であるとともに、神の隠れ家を探索しようとする天文学者の執念がもたらしたものと言える。宇宙は階層構造を成しており、一段上がるたびに、より広大でより豊かな宇宙を発見してきたのである。神は何処《どこ》にもおられるのだが、何処にもおられないようでもあった。宇宙は膨張しており、地平線がどんどん大きく広がっているから、神を追いかけてもたどり着けないのである。

さらに、最近の宇宙論では宇宙そのものが無数に存在し、それも三次元の空間に限られず、五次元であったり一〇次元であったりする。物質構造が豊かな宇宙もあれば、ブラックホールだらけの荒涼たる宇宙もある。神は無限個の宇宙を創成し、それぞれに個性を与えて楽しんでいる風情なのだ。神がいずれかの宇宙を特に好んでいるようには見えないから、結局そこに人間が生きることがこの宇宙を識別する鍵となっているのかもしれない。

このように宇宙論の歴史は、身近な空間から始まり、より広大な空間へと人類の目が及び、ついには原理的には存在するが、直接目では確かめることができない無数の宇宙へと広がってしまった。そのように認識できる宇宙はどんどん拡大してきたのだが、それに伴って神は居場所を次々に変えており、容易に尻尾を摑《つか》ませてくれそうにない。本書は、人類二〇〇〇年の歴史のなかで宇宙の概念がいかに拡大・変遷してきたかの道筋を追いかけたものである。

物質の運動や構造を研究する物理学者は、そこで見え実験できる範囲で学問を完成したいと念願しており、大家となると「これでお終い」と言いたがる性癖がある。それに抗して若い物理学者が挑戦し、大家に難癖をつけては新たな概念を導いてきた。前著『物理学と神』において描いたように、物理学者は一般に傲慢《ごうまん》かつ不遜《ふそん》で、悪魔やパラドックスをこしらえては人々を挑発し続けてきた。これに対し、本書で活躍するのは天文学者である。物理学者に比べると天文学者は実直であり、大家になろうとも素直に事実を受け入れるという謙虚さがある。その理由は、見上げる天の世界は一つであっても、そこには秘められた宇宙が何重にも重なりあっており、一枚ずつ剝《は》いでいくしかないと知っているためではないだろうか。宇宙を探る手段は時代の技術レベルに制約されており、一気に全てを明らかにできないと自覚しているからだ。自らの限界を弁《わきま》えつつ、その限界内でベストの宇宙を人々に提示するしかないと自認していると言えよう。その意味で天文学者は暗闇に隠れている未知の宇宙に対し、常に謙虚な態度を維持できるのである（ちょっと自賛すぎるかもしれない）。

時間をかけながら、人々が認識する宇宙の拡大は淡々と進んできたように見える。実際、本書も宇宙論のドラマティックな展開というより、必然的な発見の歴史という記述になっている。逆に言えば、神のさまざまな相貌を楽しみながら宇宙の階梯を登っていく、そんな思いで本書を手に取っていただければ幸いである。

さあこれから、暗闇にいくつもの顔を併せ持つ宇宙がどのようにして明らかにされてきたのか、歴史をたどり、神は何処からこれを眺めているのかを考える旅にでよう。

目次

はじめに 3
第一章 宇宙における神の存在 10
第二章 神ならざる神――神話の世界 25
第三章 神の啓示――中国、日本、インドの宇宙観 39
第四章 神に頼らない――古代ギリシャの宇宙観 52
第五章 神は複雑――アラビアの宇宙観 65
第六章 神の仕掛け――錬金術と自然魔術 79
第七章 神の居場所――天と地の交代 93
第八章 神の後退――無限宇宙の系譜 107

第九章　神を追いつめて——島宇宙という考え　121
第一〇章　神は唯一なのか？　多数なのか？——大論争　135
第一一章　神のお遊び——膨張する宇宙　149
第一二章　神の美的な姿——定常宇宙とビッグバン宇宙　163
第一三章　神の跳躍——インフレーション宇宙　177
第一四章　神はどこに？——わけがわからないものの導入　192
おわりに　206
参考文献　214

図版作成／株式会社ウエイド

第一章　宇宙における神の存在

ほとけは常にいませども

私が好きな『梁塵秘抄《りょうじんひしょう》』の歌謡に、

ほとけは常にいませども　うつつならぬぞあはれなる
人のおとせぬあかつきに　ほのかに夢にみえたまふ

がある。宇宙を支配し、密《ひそ》かに人の世の移り行きを見守ってくださっている「ほとけ」は、いつでも、どこにでもおられるはずだけれど、はっきりとお姿が見えないことが悲しく思われる。それでも、明け方にふっと夢に現れてくださるのはありがたいことだ、という意味だろうか。絶対者としての「ほとけ」を仮構し、その目を意識しながら自分の生活を律する、いわば良心の規範として「ほとけ」を考えているのである。静的な宗教観と言えるだろう。

これを科学に置き換えてみよう（何事も科学と関連付けてしまうのは科学者の悪い癖なのだが）。科学とは、目に見えない世界を想像し、そこにおける物質の運動や反応を考え、できることなら目に見えるように（つまり、わかるように）しようという人間の営みである。「ほとけ」とは原理や法則のことであり、隠れてはいるが必ず存在すると信じている。それを追い求める行為は徒労に終わることも多い

大日如来坐像（部分／福地山修禅寺蔵）

が、ふとインスピレーションのようなものが働き、宇宙を律する「ほとけ」の顔が見えたと感じるときがある。とはいえ、たいていは空振りで、単なる妄想に過ぎなかったり、幻想を追いかけていたりすることばかりである。芥川龍之介が『暁』という詩に書いているように、

「ひとの音せぬ暁に
ほのかに夢に見え給ふ」
佛《ほとけ》のみかは君もまた
「うつつならぬぞあはれなる」

ということになってしまう。「ほとけ」を求めての孤独な旅をしているのが科学者なのかもしれない。

しかし、「ほのか」ではあっても「ほとけのみか（顔）」が見えたと思えたときは、これ以上ない至福のひとときである。始めは茫漠《ぼうばく》としたイメージに過ぎないが、やがていろん

な側面から検討する中でホンモノかどうかの選別が可能になる。ここでたいていは没になるのだが、百に一つくらいは生き残るアイデアもある。そこで重大な発見をしたと思い込んでトコトン掘り下げて考えてみる。そうすると、実に単純なところで間違っていたことに気付き、全てがパーとなってしまう。そんな繰り返しをしてきた私には、この歌謡は身に沁《し》みるのである。

神の変容

『梁塵秘抄』における「ほとけ」は極めて日本的な宗教観かもしれない。基本的には自力本願であって、その努力を愛《め》でて最後に「顔」を見せてくれるからだ。これに対し、西洋における「神」は少し異なっている。至高の存在であるとともに、自然界を束ね、難問を投げかけたり、試したりして、人間を困らせ挑発し翻弄《ほんろう》する存在である。唯一神であるが故に人間に対して自由に振る舞うことができ、人間が右往左往する様を天の高みから楽しんでいる。人間は自らの無力さを知りつつも、神に対抗しようと身構え反応する。それに応じてさまざまな物語が編み出されていくことになる。そのような意味で、神と人間の相克が続いていく動的な宗教観と言えるかもしれない。

特に人間が科学を身につけるに従い神との矛盾が激しくなっていった。科学者は神と丁々発止《ちょうちょうはっし》の知恵比べをするようになり、時には神に逆らうようになっていくからだ。そこで、神は姿を現すかに見えて巧妙に変身し、その本性を摑《つか》ませない。他方、科学者は神との絶縁を求めながら、それが簡単なことではないとも思い知らされる。そして、いつまでも神を追いかけざるを得ない自分を発見するのである。

神話の時代には自由闊達《かったつ》な神であったのだが、農業革命以後においては厳かで自らの絶対性を人々に強要するようになった。それに応じて神と人間の関係が大きく異なってきた。人間は精神世界において神との直接の対決を避け、自然という神の所産（物質世界）に焦点を当て始めたのである。自然を解剖し、改造し、改変することによって、神に従属した世界から人間中心の世界に変えてしまうことを目標とするようになったのだ。それによって神は居るべき場所を失っては新たな隠れ場所を見つけていった。人間社会は豊かで便利になっていったのだが、地球という自然はやせ細る一方となってしまった。

今や、神は地球から離れて宇宙へと退くしかない。人工衛星や宇宙探査機が送ってくる宇宙から眺めた地球の姿を見ると、かけがえのない美しい地球だが、いかにも脆《もろ》そうな地球でもあることがわかる。神はそのような危うい地球にはオサラバして、とりとめもないだけに容易に否定できない世界に根拠を置くようになった。つまり、絶対者としての神ではなく、相対主義を容認する物わかりのよい神に変容してきたのである。人間が創り出している宇宙論が神の居場所を保証してくれてもいる。空間の次元を一〇次元とする超弦理論、量子論の多世界解釈、暗黒物質とか暗黒エネルギーとかの「わけがわからないもの」の導入、無数の宇宙の創造、など神の隠れ場所はどこにでもあるからだ。言い換えれば、神はそれらの謎を次々と仕掛けることにより、容易に尻尾を掴ませない状況を創り出しているのである。このように神と人間の駆け引きは永遠に続いていると言えるだろう。

科学が神を必要とする理由

神と宇宙は相性がよい。どちらも遠く離れていて直接捉えることができず、想像する中で肉薄するしかない点で共通しているからだ。実際、あたかも当然であるがごとく、宇宙を語ることと神を語ることが同一視されても違和感を持たない。二つともイメージが茫洋《ぼうよう》としていて、それぞれが勝手な姿を想像することが許されているためだろう。

科学者は、「宇宙の摂理」と呼ばれてきたものが、実は神の働きによるものではなく、単なる物質の運動に過ぎないことを示してきた。いわば、科学者は神をより遠い宇宙へ追いやろうと腐心してきたと言えるかもしれない。これに対抗して、神は宇宙の難題という障害物を残しながら後退するより仕方がないように見える。とはいえ、神もしたたかであり簡単にはその玉座を明け渡そうとはしない。宇宙論における神と科学者の相克は、地上における物理学の変遷と同じような物語となるだろうか。

前著といくぶん重なるところもあるが、本書では人々が夜空を見上げ、アレコレと空想してきた事柄を整理しながら、そこに神のお姿がいかに混入し、人々の宇宙観にどのような影響を与えてきたかをまとめてみようと思っている。今や人間中心の宇宙観が流行《はや》っているが、神はそんなにヤワな存在ではなく、私たちはまだ神の掌《てのひら》の上をウロウロしているに過ぎないことがおわかりだと思う。

科学者は机に向かっている間は神を信じていない。神の助けなしで、自然の諸々《もろもろ》を説明できると思っているからだ。しかし、ふと思う。なぜこの美しい法則が成り立っているのか？　なぜこのように絶妙な仕組みになっているのか？　その法則や仕組みは必然のように見えるが、先見的にそれを証明する手立てがない。科学者は神が仕組んだ道を、ただたどっているに過ぎないと思わざるを得ないのだ。それを発見する楽しさに科学の醍醐《だいご》味《み》を感じつつも、神の掌から逃れられないことも知っている。科学者は一番神を意識している存在なのかもしれない。

もっとも、便宜的な神の使い方もある。科学者が自分のイメージと異なる法則が現れたとき、それは神の意思や実像とは異なっていると勝手に決めつけ、神の名において否定するという神の使用法があるからだ。その好例はアルバート・アインシュタイン（一八七九年～一九五五年）の「神はサイコロ遊びをしない」だろう。物理法則が確率でしか予言できないとする量子論に反対したアインシュタインは、このような表現で自分の意見の代理人として神を持ち出したのだ。これに対し、苦労人である量子論の創始者ニールス・ボーアは「君になぜ神の心がわかるのかね。ひょっとしたら神はサイコロ遊びが好きかもしれないよ」と反論した。神をこうだと決め付けるのは人間の側の勝手に過ぎないと諭したのだ。神の本質はわからないのだから、どちらともとれる。そして神は「どちらでもいい、気に入った方を採用したまえ」と言っているかのように思える。

至高の神であれ、便宜的な神であれ、恣意的に使えるからこそ神の使用価値があるのかもしれない。

宇宙論の発展

全体世界を取り囲む宇宙は、ひたすら観察することでしか実相を知ることができない。そこに見事な調和を見出すのだが、それは部分の知識でしかない。かつて目で見ていた宇宙は太陽系で閉じ、遠くの恒星世界が宇宙の果てであった。自分たちは世界の中心にいるという自尊心を満足させられ、神と一体となって宇宙を支配できたのだ。望遠鏡が作られて、より広い世界を見ることができるようになると、私たちはゴマンとあるごくふつうの島宇宙に住んでいることが明らかになった。そこには地球上で成立している物質の法則が貫徹しているらしい。そうなれば神はいっそう私たちから遠ざかり、より大きな世界へと後退せざるを得ない。そこでの神の役割は、オーケストラの指揮者のように全体世界を統括し、多様な宇宙の形態を創ることになる。

また、宇宙は刻々と相貌《そうぼう》を変えてきたことが明らかになり、それは物質の運動と反応の法則が働いた必然の結果と考えられるようになった。宇宙を時間の系列として捉える視点が確立したのである。そこですぐに問題となるのは、その出発点がどうであったのか、宇宙の果てはどうなっているかであり、それは神の介添えなしでは説明できない。神は時間と空間の生成と変化を差配し続けているのである。

さらに、この宇宙は一つだけでなく多数の宇宙が創成される可能性も論じられるようになった。神は、多種多様な宇宙を創造することで人間に対抗しているかのように見える。それらの無数の宇宙の中には、物質構造が何も形成されずにのっぺらぼうの宇宙があり、生まれるや直ちにブラックホールになってしまう宇宙もある。さて、それらの人間が住むことができないような宇宙を神はどう考えているのだろうか。私たちが住むこの宇宙だけに人間が存在し、神の偉大さを称《たた》えることができているのだが、神はそのような宇宙を特別視しているのだろうか。神はいろんな宇宙を創造して人間の挑戦を待っていると言えるのかもしれない。

宇宙論は時代を映し出す鏡である。その時代ごとの社会の動向によって「あらまほしい」宇宙像が思い描かれ、それが持つ矛盾が原動力となって新しい宇宙観を生み出すことになったからだ。宇宙はこの手で摑むことができないが故に、つまりひたすら想像するしかないが故に、新しい仕掛けを工夫して大きな飛躍を遂げることが可能であった。他方、宇宙を見る技術のレベルに応じて人間の宇宙観も制限を受けてきた。技術の進展は宇宙を見る目を更新することにつながっていったのだ。その意味でも、宇宙論は時代を映し出す鏡となっている。

それは神の掌の上での人間の精一杯の抵抗であるのかもしれないが、人間と神の知恵比べであるとも言える。科学者は真実という女神のベールを持ち上げてその素顔を見たいと望んできた。ベールは幾重にも重なっており、一枚を剝《は》がしたとしてもその素顔がすぐに見えるとは限らない。また、ベールは単なる囮《おとり》かもしれず、果たして真実という女神に真に接近できたかどうかは明らかではない。時には、神ですら夢想もしなかった宇宙像を人間が編み出している可能性もある。しかし、それも神の仕掛けた罠《わな》なのかもしれない。

人々の宇宙観の歴史は、神の関与を斥《しりぞ》けつつ、神の偉大さに気づかされる、という矛盾に満ちたものであった。それは人間世界の変遷にも通じている。「ほとけ」が私たちの遺過している苦難に知らぬふりをしている様に絶望しながらも、やはり「ほとけ」は常に私たちを見守っているとする感覚で私たちは生きているためだろう。一神教の西洋と多神教の東洋の違いはあれ、神や「ほとけ」に託する願いは同じなのである。

これから、時代とともに宇宙観がどう変わっていったかを追いかけることによって、私たちの過去と今を検証してみたいと思っている。

ふたたび『梁塵秘抄』

科学が生産や生活に役に立つことから、役に立つ科学ばかりが注目されるようになった。それはグローバル化した経済状況の中で、科学も経済論理に従って金儲《もう》けに勤《いそ》しまなければならないという圧力になり、宇宙論というような役に立たない科学は肩身が狭い。しかし、科学は文化という役に立たないものに出自があり、「不用の用」として人々の支持を得てきた。実際、講演やらパネル討論やらなどで私が市民から求められるのは役に立たない宇宙論の話である。そこで私が覚《さと》ったことは、政府や産業界などがやたらと経済優先を喧伝《けんでん》するが、市民はそれを聞き流していて、役に立たないけれど、楽しい話、ロマン溢《あふ》れる話、何となく元気づけてくれる話を望んでいるということだ。「はやぶさ」の展示をすれば、たちどころに何万人もの人々が集まってくる。隕石《いんせき》の欠片《かけら》をとりに行っただけの無為の行為が、むしろ人々を励まし、夢を与えているのである。

『梁塵秘抄』のもう一つ有名な歌謡に、

遊びをせんとや生《う》まれけむ
戯《たはぶ》れせんとや生《む》まれけん
遊ぶ子どもの声きけば
わが身さへこそゆるがるれ

がある。人は遊ぶために生まれてきたのかもしれない。歌いさざめくあの子たちを見れば、体を動かして遊ぶために生まれてきたように思われる。あの声を聞けば、もう子どもじゃない私の手足までも、知らず知らず、ゆらゆら動き出してしまうよ、という感慨を込めた歌である。人間は本源的に遊びを好む動物である。しかし年を経るにつれ、生活のことがあり、分別もできてきて、遊びより金儲けを優先するようになる。とはいえ、子どもたちが無心に遊んでいる姿を見れば、自分が失ったものの大きさを実感する。つまり、役に立たないものこそ人間の本源なのかもしれないと思うのだ。

なぜ、こんなことを付け加えるかと言えば、宇宙論は本来的に役に立たない科学の分野であり、それと神の関わりなんておよそ教養としても実利はないだろうが、これを読むひとときでも憂き世のしんどさを離れて遊んでいただきたいためである。

『梁塵秘抄』から、もう一首掲げておこう。

常に恋するは
空には織女《たなばた》　夜這星《よばひぼし》
野辺には山鳥《やまどり》　秋は鹿
流れの君達《きうだち》　冬は鴛鴦《をし》

いつも恋するものは、空を見れば夫を恋する織女や「よばい」の名を負う流れ星、昼は雌雄一緒にいるが夜は谷を隔てて寝る山鳥、雄鹿が雌鹿を呼ぶ秋の風情、客を待つ遊女の姿、冬は夫婦仲睦《むつ》まじいおしどり、と宇宙・人間・自然（生き物）とのさりげない付き合いの喜びが淡々と描出されている。

文化としての科学とは、人間とこのような間柄を築くことなのではないだろうか。

第二章　神ならざる神――神話の世界

世界創成神話

中国の古代文献によれば、宇宙の「宇」は空間を意味し「宙」は時間を意味する。したがって宇宙論とは、時間や空間（およびそこに存在する物質）の起源や広がりを考える分野で、時空論のことである。人々は「私たちはどこから来て、どこへ行くか」という疑問を常に抱いてきたのだが、「どこ」に時と場所が含意されており、この疑問は宇宙観そのものと言える。

その最も原初的な形態が神話で、『広辞苑』によれば「現実の生活とそれをとりまく世界の事物の起源や存在論的な意味を象徴的に説く説話」とある。学術用語としては、「世界のはじめの時代における一回的な出来事を語った物語」とされている。その最重要の主題は、原古における事物や制度の起源を直接的に語る創世神話で、混沌《こんとん》から秩序への転回という基本的観念が共通している。そして、ほとんどの神話は世界起源神話から始まっていて、この宇宙そのものがいかに創成されたかが語られる（世界が既に存在していることを前提として世界起源神話を欠いている場合もあるが、それは全体の一割でしかないらしい）。この全体世界がどのようにして生まれたのか？　という疑問は、人類発祥以来ずっと語り続けられてきたのである。

まず天と地の区別がなくただ暗闇だけが拡《ひろ》がっていた混沌の状態があり、そこからいかに天地や太陽・月・星などの秩序が形成されてきたかを物語るのが世界創成神話である。それにはさまざまなタイプがあるが、その一つが創造神の意思の力によって世界を生じさせる物語で、『旧約聖書』の『創世記』が典型である。ヤハウェが一日ごとに、光、天空、大地、太陽（昼）と月・星（夜）、生き物を順に創っていき、最後の六日目に人間を創ったという。「無からの創造」で至高の神（絶対神）という観念が強く、厳格な一神教の伝統がここから生まれたのだろう。ペルシャの神話では、創造神であるアフラ＝マズダが悪神であるアングラ＝マイニュと戦いながら、天空と星、大地と草花、そして火を創り出す。ここでは神々の戦いというやや人間的要素も付け加えられている。

少し人間くさいのが「世界両親」とも言うべき男女神を想定する物語である。例えばギリシャ神話では大地の女神ガイアと天空の男神ウラノスが協力し合ってさまざまな神を生み、それらが分担して世界を創り上げていく。エジプト神話では天空の女神がヌウトで大地の男神がゲブと男女の役割が逆転しているが、基本構図は同じである。ニュージーランドの神話でも、天の父ランギが地の母パパを抱きしめることから神々が生まれ、世界を創造していく。人間の両親から子どもが生まれることを世界の起源に重ね合わせたのだろう。日本の兄神イザナギと妹神イザナミが国生みする『古事記』や『日本書紀』の神話も、世界両親の系譜に属する。イザナミの体のでき足りていないところとイザナギのできすぎたところを合体させて国生みに至る話は、エロティックさもあって人々の喝采を得たと思われる。

原人（世界巨人）の死体から次々と物質世界が生まれ出るという「死体化生《けしょう》」という種

類の創世神話もある。中国の盤古《ばんこ》伝説がよく知られており、両眼は太陽と月、髪の毛は星、息は空気や風、体は山や田畑、血は川になったという。インドでは、千の頭と目と足を持つ原人プルシャの臍《へそ》から空界、頭から天界、足から地界、耳から方位が生じたという神話がある。プルシャの口からバラモン（祭司）、腕からクシャトリヤ（王族）、腿《もも》からヴァイシャ（庶民）、足からシュードラ（奴隷）が生じたというのは、バラモン教の身分差別を合理化するために後世に付け加えられたのではないだろうか。少なくとも神話の段階においては、体の各器官に貴賤《きせん》はないのだから。宇宙というマクロコスモスの構成要素とミクロコスモスである人体の諸部分が対応するという世界観が背景にあったのかもしれない。

しかし、もう一つは「宇宙卵《うちゅうらん》」からの宇宙の創造で、卵から生物体が生まれ出ることになぞらえ、宇宙の誕生をこれに仮託したと思われる。ギリシャの喜劇作家アリストパネスの『鳥』では、太初に混沌・夜・暗い幽冥《ゆうめい》・広い黄泉《よみ》があり、黒い翼を持つ夜が一人で産んだ卵からエロスが生まれ、エロスがあらゆるものを交わらせて蒼穹《そうきゅう》や大洋や大地を生み出していく。エロス（愛）を根源的な神としているのだが、なんと人間的であることだろうか。フィンランドの神話叙事詩『カレワラ』では、大気神イルマの娘で不妊の処女であるルオンノタルの物語として語られる。大洋に落ちて波頭に浮かぶルオンノタルの乳房を風が愛撫《あいぶ》し海が受胎の力を与える中で、一羽の鷲《わし》が彼女の膝に巣を作り卵を産む。その卵が割れて、下の部分から大地、上の部分から天空、黄身から太陽、白身から月、卵の破片の斑点から星、黒い破片から雲が生まれたという。まさに女性の豊饒《ほうじょう》さを暗示しているかのようである。

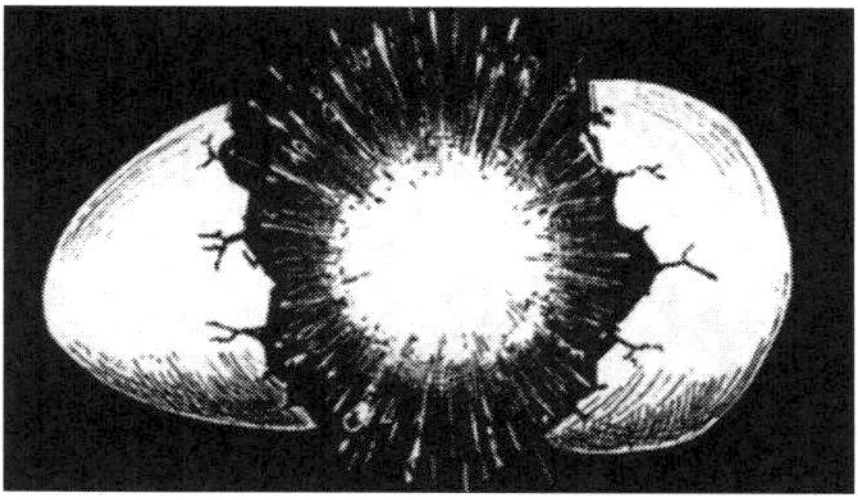
宇宙卵のイメージ（イラスト／山田詩津夫　池内了『宇宙は卵から生まれた』大修館書店より）

神の概念

厳格な創造神とされる『旧約聖書』のヤハウェは、ユダヤ教の主神となって現世世界を支配したという意味では例外的な神であるのかもしれない。神話がそのまま生き残っている稀有《けう》な例である（アフラ＝マズダはゾロアスター教〈中国では拝火教〉の最高神となったが、イスラム教の台頭などで衰微してしまった）。それ以外の宇宙の創成に関わった神（世界両親や世界巨人や宇宙卵）は、生命世界の不思議さと人間界の営みとが重ね合わせられており、人間らしさが感じられる。神話の世界では、「神ならざる神」が主役となっていると言えよう。

そもそも神話とは、「なぜ、こんな世界ができたの？」とか「どうして、こうなったの？」と聞きたがる子どもたちに対して、村の長老たちが苦労して編み出した物語なのだろう。そのため、意外性がなくてはならないが、あまり荒唐無稽《こうとうむけい》であっても子どもたちは信用してくれない。身近にある事柄を思わせ連想させながら、そこに超自然的な要素を付け加えて一回きりの現象を説明し、子どもたちに夢を与えようとしたのだろう。その意味で、神話は神と人が一体となっていた。今も伝えられるアイヌの神が極めて人間に近いこともそのことを想起させる。

ところで、世界創成神話において注目すべき特徴は、混沌（カオス）から秩序（コスモス）がいかに現出してきたかという点に着目したことである。言い換えれば、神話とは、空間は最初からそのまま存在しており、互いに入り混じっていた物質がいかに整然と分岐して、我々が知っている自然物が形成されてきたのか、という問いかけへの解答であった。

注意すべきことは、空間の存在そのものについての疑いは持たず、そこにある事物の起源（始まり）と変遷（形態の変化）に疑問を持ったことである。時間的遷移《せんい》（変化、変容、変遷）に関心があったのだ。空間はどこまでも続き、所与のものとして変化の場を提供しているだけであった。その意味では宇宙論は時間論とも言える。ある物質（生物）の誕生、成長、衰退、そしてまた誕生と繰り返すことへの限りない不思議、それは語り伝えねばならない自然の秘密として捉えられたのだろう。

また、先に生きて我々の世界を準備したものへの畏敬の念を汲《く》み取ることもできる。世界巨人が死体となってさまざまなものに化生したという神話がそれを窺《うかが》わせる。自然の秩序は先祖からの贈り物であり、徒《あだ》や疎《おろそ》かに取り扱ってはならないものなのである。そこには、自らを投げ出して人々のために尽くしたいという思いが込められている、という感慨を感じ取ったのではないだろうか。宇宙卵を想像したのは、生命力の逞《たくま》しさを自らのものにしたいという願いもあったのだろう。神を仮称しながらも万能ではなく、ごく身近な守護神であったのだ。トーテムの起源もそこにあったのではないかと夢想する。自然が隠し持つ力を実感しつつ、それが自分たちを支えている（また自分たちが支えている）ことへの確信もあったのかもしれない。

現代宇宙論と神話世界

ところで、これらの神話には現代の宇宙論に通じる側面があることを指摘しておかねばならないだろう。といっても、神話が現代科学によって開拓された概念と同じというわけではない。直観的に語られた神話の物語のエッセンスが、まさに先祖がえりのように生きているということなのだ。

「無からの世界の創造」は、現代宇宙論の焦点である。現代宇宙論では、時間や空間が何もない状態（むろん物質もない）である「無」から宇宙が創成されたとする。もし、何らかのものが「有」だとすれば、それの起源を考えねばならず、結局全ての枠組みそのものも「無」としなければならないのである。では、完全な「無」からいかにして「有」を生み出すかの仕組みを考えなければならない。創造神による助けを求めるわけにはいかない。それでは科学ではなくなってしまうからだ。空間も存在したと考えてはいけない。

現代宇宙論の立場は、ある意味で、『般若心経』にある「色即是空《しきそくぜくう》、空即是色《くうそくぜしき》」が最も似つかわしいかもしれない。「色」とは実体あるもの、「空」とはそれが無い状態であり、「実体があるように見えて、実は何も無いことと同じ、何も無いことは、実は実体に溢《あふ》れているのと同じ」が、「色即是空、空即是色」の意味である。つまり、見ようによって、あるいは異なった状況によって「色」と「空」は入れ替われるというのだ。

「空」（あるいは「色」）のように見えて「色」（あるいは「空」）であるもの、それは何だろうか。仮想できるものは、時空の一点にゆらぎによって生じる「エネルギーに満ち満ちた真空」である。「真空」であるという意味で「空」の状態にあり、「エネルギーに満ち満ちた」という言葉によって、通常の状態ではなく「色」を内部に秘めていることが暗示されている。そのようなパラドキシカルな「エネルギーに満ち満ちた真空」が、何かの拍子で相転移を起こして現実世界に転化したと考えるのだ。

その仕掛けとして、いつでも、どこにでも存在する「時空のゆらぎ（一種の雑音）」を仮定する。時空のどこかに存在する特定の点を想定するわけではない。つまり、ゆらぎから宇宙が（偶然に）生まれ出でたとするのである。ここで言っておかねばならないことは、ミクロ世界においては「真空」（何も存在しない状態）にあっても「ゼロ点振動」（絶対零度においても原子が不確定性原理のために静止せず振動していること）があり、それが自然界に必然的に生じるゆらぎとなることだ。言い換えれば、ゆらぎには「エネルギーに満ち満ちた真空」が付随しているのである。それが「創造神」の役を果たすことになるのだ。

宇宙卵とか世界巨人にまつわる神話は、混沌から出発したとはいえ、そこに既に秩序が内蔵されていたことを暗黙に仮定している。混沌の中から秩序を創り出すためには、完全な混沌では不可能で、そこにはいくばくかの秩序が準備されていたと考えざるを得ないのだ。エネルギーの源泉である宇宙卵、死体から多様な構造が発現してくる世界巨人、いずれも多様性を内部に秘めているとする。それは、宇宙誕生時に存在した物質の反応性によって、ある特別な構造が発現してくるとする現代宇宙論に通じる発想法である。例えば、物質と反物質が全く同じ量だけ創られても、それらの間の崩壊過程に差異があれば、物質が優勢の宇宙ができあがる。それは内部に潜む何らかの仕掛けによるものと考えてよいだろう。私たちは宇宙卵や世界巨人に内蔵されていた多様性の芽を、具体的な物質の働きに置き換えていると言えるのだ。現代の宇宙論者は高慢にも古代の神話とは無縁だと言うだろうが、私には同工異曲と思える。

言い換えれば、「神ならざる神」を想定して自由な想像を描くことが可能であった神話の時代が、現代科学に重要なヒントを与えてくれているのではないだろうか。洗練され研ぎ澄まされた現代科学ではあるが、それによって失ったものは多くある。素朴な直観性と身近なものからの空想力である。あるいは、自然は洗練されていてムダをしないという信仰である。しかし、それによって取り落としてきたものが多くあるのではないか。むしろ、人間の感覚のみによってムダと判断し、科学の領域を狭めてきたのではと疑っている。

神話の時代の自由奔放な世界像は豊かな自然観を提示している。その想像力を活《い》かしながら、新しい宇宙像に結び付けていくのが現代の課題ではないだろうか。ビッグバン宇宙論を提唱したジョージ・ガモフ（一九〇四年～一九六八年）は、そのような発想に忠実であったのだと思われる。宇宙卵が爆発によって飛び散り、そこから宇宙の諸々《もろもろ》の構造が形成されたと夢想したのだから。

ホーキング神話

原発の「安全神話」が行き渡ったように、現代にあっても神話が再生されている。いや、むしろ情報手段が共有化されている現代の方が、より多数の人に神話が広がりやすいのかもしれない。ここでは宇宙論に関わる「ホーキング神話」を手短に取り上げてみよう。

スティーヴン・W・ホーキング（一九四二～二〇一八年）が神話の語り部となる要素を備えていることは論を俟《ま》たない。まず、ホーキングは天才的科学者である。若い頃からブラックホールや一般相対論の研究において大きな業績を挙げ、特に宇宙初期に関する卓見は追随するものがない。神懸り的なご託宣を述べて、新しい科学の分野を切り拓いてきた。例えば、「ブラックホールはブラックならず」というパラドキシカルなキャッチフレーズを流通させた。富士山くらいの物体をブラックホールにまで縮めると、ほぼ原子の大きさになる。そのような微小なブラックホールは、表面から短時間で粒子が蒸発して消えてしまうのだ。蒸発中のブラックホールは輝いていてブラック（黒）ではないのである。

また、「ブラックホールは情報を喪失する」という言明も長い間論争になった。ブラックホールに落ち込んだ物質の情報は、蒸発する際に失われてしまうのか、という問題である。よく質問されるのが「宇宙が誕生した以前の宇宙はどうであったか?」という問題だが、ホーキングは時間が虚数になるという言明でこの疑問への解答を与えた。ホーキングは、極めて短い言葉によって問題の本質を捉えるのが上手なのだ。これは、神話の語り部となる重要な要件だろう。

もう一つは、ホーキングが筋萎縮性側索硬化症という難病になり、車椅子に固定された生活の中であっても、予言者的な言葉を放っていたことであり、これもまた神話の語り部となる資格を備えていたと言えるだろう。年々病状は悪化し、ついに二〇一八年に亡くなった。生前、コンピューターによる合成音を使ってユーモアに満ちた言葉を発し続けていたことに敬服していた。冥福を祈りたい。

この宇宙の空間が三次元ではなく四次元であるとした「ブレーン(膜)宇宙」の概念は、車椅子から発せられたアイデアであった。ハンディキャップを持つにも拘らず、それをものともしないホーキングの提案が、宇宙論における新しい神話になるのは尤《もっと》もとうなずけるのである。

ホーキング神話は、すぐに答が出る問題ではないので簡単に廃れないこともあり、常に立ち戻る目標になるだろう。神話の時代は現在も続いているのである。

第三章　神の啓示——中国、日本、インドの宇宙観

中国の天文学

中国の古典『易経《えききよう》』には、天文学という言葉の由来となった「天文を観てもって時変を察し」と「天文を観、俯してもって地理を察す、この故に幽明の故《こと》を知る」という文章がある。前者は、日月星辰《せいしん》の位置や動きから季節の移り変わりを知るという意味で、暦法としての天文学の役割を述べている。農業や社会生活を正しく行なうためには暦作りは欠かせないからだ。地上の周期的な変化を指揮する天の観念からきている。しかしまた、『易経』には「天象を垂れ吉凶を見《しめ》して」とあって、天が天文現象を通じて人々に将来の

吉凶を知らせるという役割にも敷衍《ふえん》している。占星術としての天文観察であり、未来を予言する天でもあったのだ。この二つが相携えて天文学が国家の重要な柱となった。その背景には、日月（陰陽）と木火土金水の五元素（五行）の関係によって万物の成立や宇宙のさまざまな現象を説明する「陰陽五行説」があった。天は地の変化を差配し、人々は抗《あらが》うことなくそれに従おうとしたのである。

早くも周《しゅう》の時代、洛陽《らくよう》の近くの陽城《ようじょう》に天文台を設けたようだが、国立の天文台の制度が確立したのは漢《かん》の武帝の頃からであった。その長官が太史令《たいしれい》と呼ばれ、『史記』の作者である司馬遷《しばせん》も太史令であった。『史記』には「天官書」の部があり、天の星座と地上の官職との類推・対応が行なわれ、天上に異変があれば、その星座に対応する地上の官に異変が現れることが事細かに記述されている。司馬遷はそれを統括する任務に就いていたのである。国立天文台の任務は、暦法の研究と毎年の暦の作成、天文観測にもとづく占星術、そして時間の測定と報時であり、最高の支配者（皇帝）が時間と空間と未来を占有し支配するための官僚機構と言うことができる。皇帝が天の子ども、すなわち「天子」と呼ばれたように、天の意思に従って政治を行なうという理念を体現していたのである。その意味

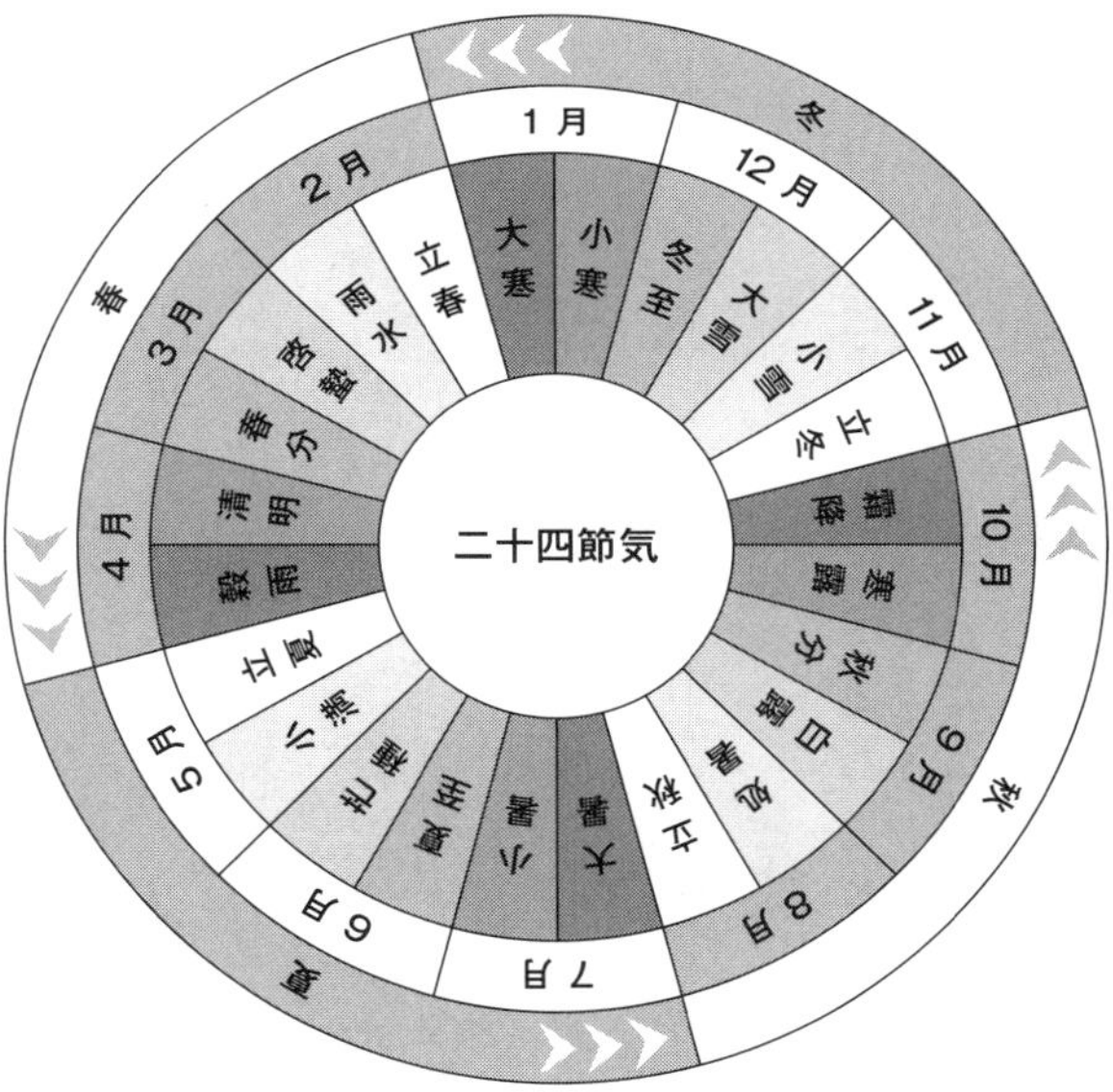

で、天（つまり神）が世界を差配する最高の存在であり、人々はひたすらそれに仕えるという関係であったのだ。

　この暦法で注目されるのは二十四節気《せっき》だろうか。一年を十二の節気に分け、各節気の中間点に中気《ちゅうき》を配して、全体で二十四の気に分割する（だから、本来は「二十四気」と呼ぶべきなのだが）。二分二至（春分、秋分、夏至、冬至）と四立（立春、立夏、立秋、立冬）の八節の期日を決めるため、「表《ひょう》」と呼ばれる棒を地面に垂直に立て（西洋ではノーモンと呼ばれる）、その影の長さによって太陽の高度を測るという観測が行なわれていた（要するに日時計である）。天の運動の節目を観測によって正確に定め、それ以外は気象や動植物の変化を取り入れるという、科学と自然現象双方に目配りした実に巧妙な暦法と言える。太陽暦に移ってしまった現代の我々がまだ二十四節気を引用することがあるのも、季節感や時間の移り行きを的確に捉えていることに魅力を感じているためだろう。ただし、旧暦（太陰太陽暦）での二十四節気だから、太陽暦では一ヶ月以上の時間のずれを考慮しなければならない。

暦とは、天の規則的な動きを受動的に捉え、それに合わせて生活を営むというもので、天の摂理（つまり神）を受容するという意味合いが強い。支配者たる皇帝（天子）は天の意思を受けて政治を行なう（「観象授時」「天人相関説」）という思想であったのだ。そのため、王朝の交代とは新たな天命を受けることを意味し、暦や諸制度を改めることが求められた（「受命改制」）。実際に、時間が経つうちに古い暦と現実が合致しなくなり（例えば、暦では日食《にっしょく》が起こるはずなのに、実際に起こらない）、権力（天子）が交代すると暦も変えられ、より精度の高いものになるという余得もあった。いわば、暦は天の意図を忠実に反映すべきものであったのだ。

一方の占星術は、天の現象をより積極的に捉えようとする試みである。何か異常な現象が現れると、それが国家の危急存亡を予知するものとして吉凶の判断を付け加え、天子に上奏しなければならない。それだけに国家機密とされ、どんな小さな異変であっても綿々と記録されてきたのである。その中で、超新星の記録や彗星《すいせい》の出現などは後世の天文学史研究には大いに役に立っている。天が現世世界の成り行きを予《あらかじ》め察知すると考え、時空を超える神の存在を前提としていたことがわかる。天子は神の啓示を常に待ち望んでいたのである。その意味では、神（天）は絶対無比の存在であって人間はそのご託宣に従うだけでしかない。

神の予言は間違うことはないとされた。予言が外れる場合もあって、それは予め正確に読み取れなかったり、予言を取り違えたり、対策を誤ったりしたためなのである。また、何ら天に異変が起こらないのに大雨や大旱魃《かんばつ》が起こる場合もあった。そのようなときは、あえて天が予言をしなかったのは、我々人間を試すためだから、なぜ天がそのような態度であったかを忖度《そんたく》し、政治状況を見直すきっかけにした。黙っている天は無言の予言をしているのである。このように神は有形無形に啓示を指し示すだけで、後は人間の問題に帰せられる。神は無言で、その所作だけで宇宙を支配しているのだ。この占星術時代の神は実に楽なものであっただろうと推測できる。

ここで占星術には二種類があることを言っておかねばならない。国家や支配者の運命を天の異変から占う「公的占星術」（「天変占星術」とも言う）と、誕生月の星の位置から個人の運命を占う「ホロスコープ占星術」（「宿命占星術」とも言う）だ。中国（や東アジア）に広まったのは前者であり、ギリシャに始まり西洋に流布したのは後者である。公的占星術では天の異変を監視することに重点が置かれ、ホロスコープ占星術では星の規則的な運動を注視することが中心であった。天を律する神は、東洋では人間社会をも支配する絶対者であるのだが、西洋では時計職人のように規則的な運動を演出していることになる。その差異が東洋と西洋の宇宙観に大きく影響したことは興味深い。

中国の宇宙構造論

中国においては宇宙の構造や運動を論じる分野は、あまり広がることがないままであった。時計仕掛けの宇宙という発想が薄かったためだろうか、それとも天の仕組みや構造に介入したくなかったのだろうか。とはいえ、中国にだって、地上から空を見上げて天はどのような仕組みとなっているのかと想像した人間はいたのである。

最初に出されたのが「蓋天説《がいてん》」で、天と地は平行であるとし、天は回転するので「円」、不動の地球は東西南北の四角形に広がるので「方」とした。天円地方である。しかし、天と地が真っ直《す》ぐで平行であるというのは観測事実と合わないから、傘のように真ん中が高く湾曲した天で、大地もそれと平行となっていると修正した。それが「蓋天」という意味である。天が蓋のような形で地を包んでいるというイメージだ。ふくらみの最も高い点(傘の先)が天の北極で「天中」と呼ばれ、太陽は天中を中心として回る。さらに太陽は南北に移動し、夏至のときは最も北で最も高く最小の半径を回り、冬至のときは最も南で最も低く最大の半径を回るとする。周の都は天の北極の直下点から離れており、太陽がその地平線より上にあれば昼間、下に来ると夜になる。なかなか巧妙な宇宙モデルである。

次に提案されたのが「渾天説《こんてん》」で、天は鶏卵の殻のような形(大きな丸い球という意味で「渾天」と呼ぶ）をしており、大地は卵の黄身のようにその中心にあって平坦《へいたん》であるとする。天は球とみなされ、各点は緯度に応じた地上高度の点（天の北極）を中心に星は天を旋回する。天の赤道に対して太陽が通る道筋（黄道《こうどう》）は二三・五度傾いていて、夏の太陽は北に移動して地平線上を長い円弧で巡り、冬はそれが短くなる。黄道と天の赤道が交わる点が春分点と秋分点というわけだ。この考えは現代の理解とそう変わらず、基本骨格は正しい。問題は、丸い地球に思い至らず、大地の下に大洋を配置しているため、天や太陽は回転によって大洋の中を毎日通り抜ける必要があることであった。

蓋天説、渾天説のいずれもが太陽や星の運行を再現しようとした直観的な宇宙構造論だが、三つ目の「宣夜説《せんや》」はやや趣が異なっている。宇宙全体の構造や物質の様相を述べたものであるからだ。この説では、天は無形質で無限であり、日月惑星や星辰は自由に宇宙空間に浮かんでいるとする。無限性、決まった形をとらない、互いに気を交換しながら自由運動をするなど、見方によれば近世の無限宇宙論に通じる側面もある。

先に述べたように、中国では宇宙構造論にあまり人々は注目しなかった。天の仕組みまで考えることは、至高の神が人間世界を支配しているという占星術思想に抵触すると考えたためかもしれない。しかし、渾天説が太陽の動きをよく再現するように、暦作りの精度を上げるための模型は優れていた。戦国時代の紀元前四世紀には、既に一年の長さを三六五日四分の一と決定することができていた。これを四分暦《しぶんれき》という。占星術と暦こそが、中国の宇宙観に大きな影響を与えたのであった。

日本の宇宙観

日本においては、宇宙そのものへの関心や興味のないまま、中国から朝鮮を経由して国立天文台のシステムだけが輸入された。日本での官署名は「陰陽寮《おんようのつかさ》」である。暦の編纂《へんさん》、天文観測による占星、報時という三つの任務は踏襲されているが、陰陽寮という名からも推測できるように、占いが優先されることになった。天変現象の観測と地上におけるその影響の解釈を行なう天文と陰陽を重視して高く位置付け、暦編纂は相対的に低い地位に留《とど》めたのである。

「天行不斉」という言葉がある。天の行ないが斉一さを外れるとき、それは地の異変を予告するものであるとする思想である。そこで天の動きを克明に記録し、中国の占いに則《のっと》って解釈し、天皇に上奏しなければならない。その後、中務省《なかつかさしょう》に送られて国史に記入される。こうして莫大な国家の公的歴史の記録として留められることになった。『日本書紀』や『六国史』に（脈絡もなく）多くの天象・地象・気象現象が紛れ込んでいるのはそのためである。その後は、個人の日記や家の記録に多くの天文事象が含まれるようになった。そもそも天文現象に興味があったのではなく、天変思想が広く貴族階級にも広がっていたのである。

その意味では、日本には古代から宇宙観のようなものが生まれなかったようである。むろん、『万葉集』などには天の川や月星を詠った歌はあるが、それは比喩として使われたり、美しさを愛《め》でたりすることでしかない。あくまで天はさまざまなパフォーマンスを示す劇場のようなものであり、人々はそれを畏れたり楽しんだり憧れたり物語に利用したりするのみであった。日本は空気中の水分が多く、雨や曇りの日も多く、天の事象を事細かに観察する習慣がなかったためかもしれない。

日本で宇宙論に関連したものと言えば、陰陽道が密教と結び付いた「宿曜《すくよう》道」として仏教天文学を完成させたことであろうか。それを図示したのが星曼荼羅《まんだら》や北斗曼荼羅で、大《だい》日如来《にちにょらい》が宇宙の中心にあって全体を支配し、北極星（北辰星）を巡る北斗七星、主要惑星（かつては太陽と月も惑星に含めて考えられていた）である七曜（日月火水木金土）、九曜（七曜にインド天文学で特徴的な二つの想像上の惑星を加える）、黄道上の一二宮（これはバビロニア起源でギリシャから伝わる）、月の軌道である白道《はくどう》上の二八宿（インドや中国起源）など、数々の星や星座を配置した「宇宙図」と言うことができる。純粋に仏教の教義にもとづいたものではなく、ギリシャ・バビロニア・インド・中国などさまざまな地域の影響を受けていることがわかる。物質としての宇宙構造論ではなく、また太陽の運行や春分・秋分などを明らかにする宇宙の仕組み図でもない、装飾的かつ文学的宇宙図となっている。あくまで観念的宇宙論と言えるだろうか。

インドの宇宙観

インドには、紀元前一五〇〇年から紀元前九〇〇年頃の間に書かれた最古の宇宙論『リグ＝ヴェーダ』があり、その後紀元前五〇〇年以降に展開されたジャイナ教、仏教、ヒンドゥー教の宇宙論と実に複雑な様相を呈しているが、いずれも観念的である。

これらの宇宙論に共通する要素は、天と地と（地下の）地獄から成る「三分説」（あるいは「階層説」）となっており、善人は天に、悪人は地獄へと行くことがはっきりしていること（倫理化された世界）だろう。また、中央には宇宙の軸とも言うべき山があり、仏教で須弥山《しゅみせん》、ヒンドゥー教でメール山と呼ばれる。山の頂上は天に達し、底は地獄に接する。その周りを七重の山脈が取り巻き、四つの大陸が大海の中に配置されている。ヒマラヤを背景にした自然環境が宇宙論に投影されているのである。

宇宙的時間に関しては、衰退（破壊）の時代と再生の時代が周期的に繰り返すことになっている。循環する（回帰する、巡る）時間論で、西洋の一直線に進む時間論とは明確な対照を成している。月の位相、季節の変動、一年の太陽の盛衰、数十年ごとに起こる大災害など、実生活の経験を反映したのであろうか。しかし、それは短く時を切り出しただけであって、根底において未来永劫《えいごう》これを繰り返すという意味では、宇宙の永遠性を信じている。宇宙を構成する元素は、エーテル、空気、火、水、土の五つであり、それらの組み合わせで世界は構成されていると説く。これはギリシャと共通する。

インドの宇宙論は、インド固有の風土と因習、インドに発する神話、ギリシャやバビロニアからの文化の伝播《でんぱ》、勃興した宗教の競合などが混じり合って、純粋形を取り出すのは容易ではない。しかし、神がしつらえた時間・空間を自在に変形し、自らの世界を演出しようという躍動感のようなものが感じられる。観念的であるが故に、かえって想像力を精一杯に広げたのだろうか。その意味では天（神）の介入があまりなく、占星術のような神の意向を忖度するという感じがない。それだけに楽しめる宇宙観とも言えるのである。

第四章　神に頼らない――古代ギリシャの宇宙観

東方世界の「天文学」の蓄積

バビロニアやエジプトでは乾燥地であるため空気中の水分が少なく、夜空の星がくっきりと見え、暗闇であっても星の位置や高度から時間や場所を推定することができた。それは神の啓示のような崇高なものではなく、星の観察を通じて実生活に活《い》かす材料だったのである。ふだん見慣れた光景として、星の世界は身近な存在であったのではないだろうか。

太陽が天球上を移動する軌道が「黄道《こうどう》」であり（月が描く軌道が「白道《はくどう》」）、太陽と惑星がほぼ同一軌道面上を運動しているため、月や惑星もほぼ同じ帯状の領域を運行していくことになる。実際、黄道に対する白道の傾斜角は約五度にすぎない。その黄道に沿う部分の星の配置を「星座」として区別し、夜空の目印とした。星座を見れば大まかな方向や時刻を推測することができるからだ。既に紀元前一四世紀には、おうし座、しし座、さそり座など、特に目立つ星が見える領域の星座が定められていたようだ。その後、太陽や他の星の位置関係を示すために、黄道帯（獣帯《じゅうたい》）の一周を一二の星座の連なりとして黄道一二星座としたのは、ペルシャ支配下の紀元前五世紀頃であったらしい。

これがギリシャにもたらされて、各星座の大きさを均等な三〇度ずつの一二宮（獣帯星座）に分けたのが、ギリシャ天文学を代表するヒッパルコス（紀元前一九〇年頃〜前一二五年頃）であった。どの星座も対等で、同じ時間の長さだけ太陽が滞在できるようにして、一年の一二ヶ月に対応させたのである。これから、いわゆる「宿命占星術」（ホロスコープ占星術）が生み出されることになった。以下に述べるように惑星の運動表が整備されるにつれ、獣帯のどこに太陽や惑星が位置していたかが計算できるようになり、個人の出生の日時と惑星の配置が結び付けられてホロスコープ占星術となったのだ。個人の運命が惑星や星の位置で決定されると考えることは、全てが天の意思によって決まっているとする

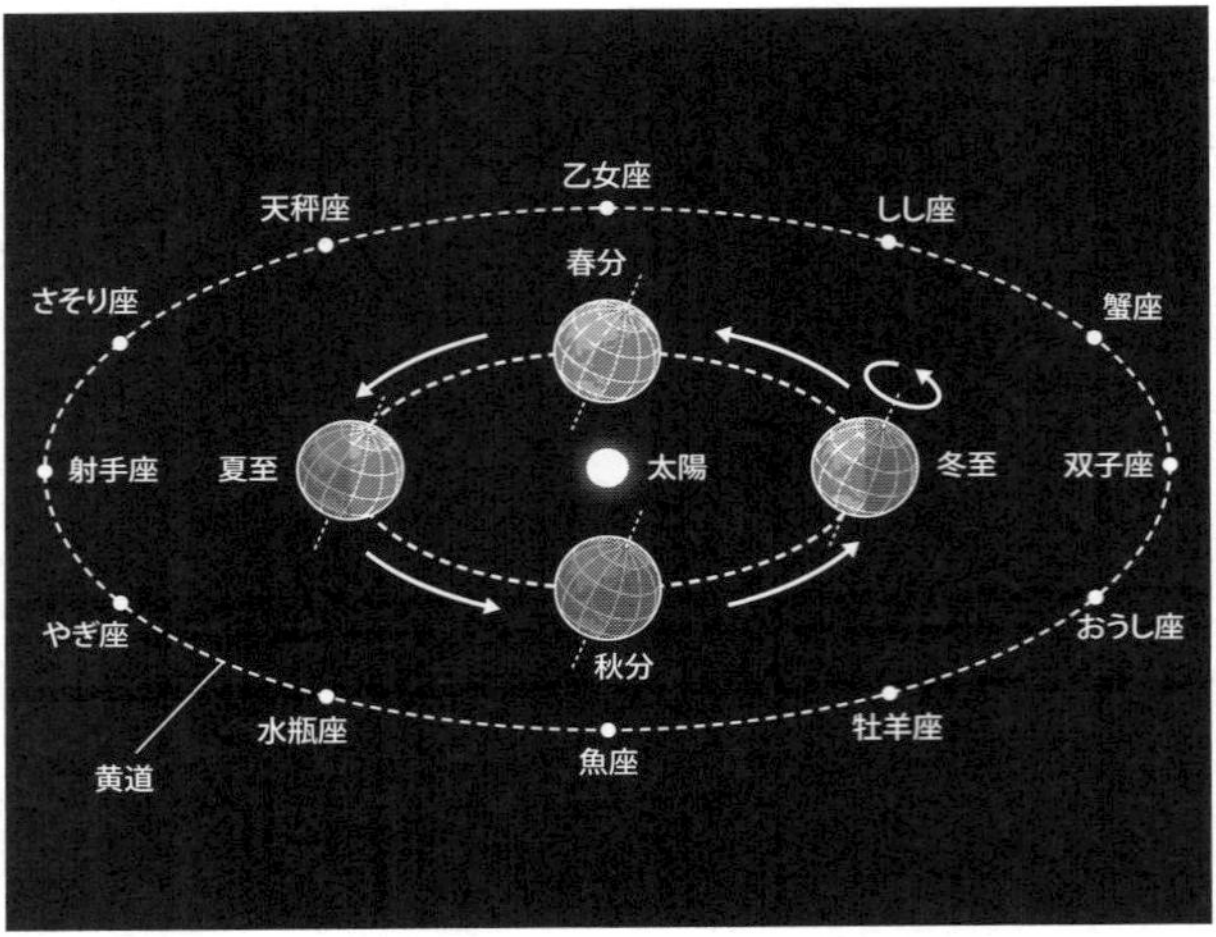

黄道一二星座

決定論的宿命観の表れである。それは神秘性に満ちた宇宙が生み出す神のお告げのようなものであった。

バビロニアでは楔形《くさびがた》文字が発明されて天体の位置を記録することが可能になり、その解析のために一二進法・二四進法・六〇進法が開発された。一年一二ヶ月から天の一周を一二に分割して一日を一二時間としたが、その後昼間を一二時間、夜を一二時間として、一日二四時間としたのである。一二進法・二四進法はここに始まった。また、一年はほぼ三六〇日であることから円一周を三六〇度とし、その六分の一の六〇度の場合に弦の長さが半径に等しくなることから、六〇が基本数になったとされている。一度が六〇分、一分が六〇秒と六〇進法が角度や時間の刻みに使われるようになったのだ。このような数理的手法が獲得されることによって天体の出没や位置関係を正確に表現することができるようになり、惑星の運動表が整備されてきたのである。

月の満ち欠けの周期（約二九・五日）と一年の周期（約三六五・二五日）の間に簡単な整数関係がないため、月の運行による暦（太陰暦）と太陽の運行による暦（太陽暦）を整合させるのに苦労した。そこで見出されたのが、一九回の一二ヶ月の間に七回の閏《うるう》月を入れる周期（一九年七閏の法）である。日本では太陰太陽暦（一ヶ月は月、一年は太陽で決める暦）が明治時代初頭まで使われたが、閏月を入れる季節が変化するので困ったらしい。月の速度と満月になる周期を組み合わせることによって日食《にっしょく》や月食が起こるサロス周期も知られるようになった。このような経験則は長期間の月と太陽の観測事実の積み重ねによってようやく得られたもので、その正確な記述には驚かされる。バビロニアでは天文現象を数学的に表現することに長《た》けていたのであろう。ここから機械仕掛けの宇宙の概念が生まれたと考えられる。

他方、エジプトでは現実社会に天文現象を利用することが得意であったらしい。例えば、四五〇〇年前のギザのピラミッド群の底辺部が正確に南北を指していることが知られている。なぜだろうか。天球上で唯一動かず、北の方向を指し示す北極星（および北の夜空にくっきりと姿を現す北斗七星）は、人々の尊崇の的であった。だから、死せる王が向かう方向でもあるべきとされたのだろう。しかし、その頃は現在の北極星（ポラリス）は天の北極の位置からずっと外れており、別の星を使わねばならなかった。地球の自転軸（地軸）がゆっくりとその方向を変えていく歳差運動のためである。ある説では、こぐま座のコカブと北斗七星（おおぐま座）のミザールを結ぶ線が地平線と直角となるときをもって南北を定めたと推測している。星が見える方向を正確に定め、それを地上に定着させたのである。天と地の照応関係という錬金術の発想があり、それによる天と地の合一を図ったのかもしれない。

また、エジプトではかなり早い段階で正確な暦が作られていたこともわかっている。夜空で最も明るいシリウスが日の出前に出現する日を起点にして一年の日数を知り、一年が三六五と四分の一日であること（シリウス年）を定めたのである。シリウスの出現を合図にするかのように大洪水が発生し、それによって肥沃な土壌が上流から運ばれてくる。シリウスの登場とその後の大洪水は豊かな実りを約束する、いわば天が贈ってくる新年の挨《あい》拶《さつ》のようなものであった。これも天の予告とされたのだろう。シリウス年はジュリアス・シーザーによってローマにもたらされ、四年に一回閏年を入れる太陽暦（ユリウス暦）として、グレゴリオ暦に代わるまで長く使われることになった。

天の規則的な運動を足場にして数理的に整理し、地上の生活に活かすという東方世界が採用した方法は、神の啓示というような神秘性を帯びず、それが神に頼らないギリシャの自然観に結実していったのかもしれない。

古代ギリシャ初期の宇宙観

紀元前五世紀のピタゴラス学派は、宇宙の秩序を数学的な原理を基にして確立しようとした。例えば、宇宙の形や運動は完全な図形である円や球の組み合わせとしたことがその典型である。そして早くも紀元前四〇〇年頃には、地球を中心として月・太陽・惑星・恒星の球殻が取り巻き、各天体はその上を等速で円運動するという「天動説宇宙」が提案されていた。また、天体は（地球も）球形であり、円運動を行なうという考えから月食（月が地球の影に入るとする）や月の満ち欠け（丸い月の方向による見え方の差として）を説明した。神に頼る部分を小さくして、物体の通常の運動として理解しようとしたのである。

天動説宇宙は、プラトンを経てアリストテレス（紀元前三八四年～前三二二年）によって物質の物理的機構と結び付けられて完成した。彼は、月より下の世界は火・空気・水・土の四元素から成っており、有限寿命の直線運動（上昇か下降のみ）をするのに対し、月より上の天上界は高貴な元素であるエーテルでできており、永久不滅の円運動をしているとした。実に麗しい宇宙体系であり、物質（元素）の固有の性質として天の運動を解釈し神の関与を不要としたのである。この天動説宇宙はクラウディウス・プトレマイオス（通称トレミー、九〇年頃～一六八年頃）の修正を経て、その後一四〇〇年もの間、人々の宇宙観を支配し続けた。太陽が東から昇り西に沈む運動を行なっているという、私たちの直感と一致していたためだろう。

他方、ギリシャ時代においては「異端の説」も許容されていたことを付け加えておきたい。サモスのアリスタルコス（紀元前三一〇年～前二三〇年頃）は、太陽が宇宙の中心にあって地球はその周りを公転する「地動説宇宙」を提唱した。彼は、半月のときの月と太陽の間の角度を測って、地球から太陽までの距離が月までの距離の約二〇倍であることを示し、見かけ上同じ大きさ（視角）に見える月と太陽の実際の大きさを一対二〇と推定したのである。また月食時の地球の影の大きさが月の三倍であることから、月と地球の相対的大きさを一対三とした。それらを組み合わせると、月と地球と太陽の大きさの比は一対三対二〇になる。であるなら、一番巨大な太陽が宇宙の中心であるべきと主張したのである。観測の精度が悪いためその数値は間違っていたが、論理構成に揺るぎはない。幾何学的な発想を天にまで適用した宇宙構造論で、客観世界の認識法に関して神の介入を排除したのだ。

やはり紀元前四〇〇年頃のデモクリトス（紀元前四六〇年〜前三七〇年）は、物質を細分化していくともうこれ以上分割できない最小単位（アトム、原子）があり、地球や惑星や太陽もアトムからできているとした。この説から必然的にアトムとアトムの間の空間は真空であることが導かれる。この理論は「自然は真空を嫌う」としたアリストテレスのテーゼと対立するものであった。これは直接に宇宙観と結び付いていないようだが、月下界と天上界を区別せずに物質の普遍性を主張したことに意味がある。天上界の異質性を認めず、地上と同じであるとして天を地に引き寄せたからだ。天も通常の物質世界である、と。物質論から天の神秘性を引き剝《は》がしたと言うべきだろうか。

アレキサンドリアの宇宙観

紀元前三〇〇年頃から、ギリシャ文明の中心はナイル川河口のアレキサンドリアに移っていった。プトレマイオス王朝の庇護の下に、図書館と博物館を兼ねた学術研究施設のムセイオンが造られ、そこにアリスタルコスやアルキメデスら、ギリシャの俊英たちが数多く集まってきたからだ。学問を進めるためには、それなりの予算と施設が必要であることがわかる。

ギリシャ人は既に地球は球形であることを知っていた。ならば、その大きさを測ることができるのではないか、そう考えたのがエラトステネス（紀元前二七六年〜前一九五年頃）であった。ナイル川の上流のシエネでは夏至の正午に太陽が井戸の底を照らす（つまり真上に来る）ことを知った彼は、シエネから五〇〇〇スタジア（古代ギリシャの距離の単位で約七九〇キロメートル）だけ真北にあるアレキサンドリアで地上に垂直に立てた棒（ノーモン）の影の長さを測り、それから地球の大きさを計算したのである。天の配位を利用して地の測定を行なう工夫であった。これは実に巧妙な方法で、現代の正確な値にひけをとらない。自分の立ち位置を明らかにするために天の神すらも使いこなそうというわけだ。

ヒッパルコスは、天文学の開祖と呼ぶにふさわしい。彼は、惑星の運動を説明するためにアポロニウスによって導入された離心円（惑星の明るさが変化することから、地球は円の中心から少し離れた点にあるとする）および導円と周転円の組み合わせ（惑星は周転円上を等速円運動しつつ、その円の中心は導円上を等速円運動する）の精度を高めることから出発した。やがて、太陽の軌道が円からずれている度合いを決定して肉眼で確認できる限度一杯の太陽運行表を作成したのである。地上の二ヶ所から月の中心部を見た角度の差（視差）から月までの距離が地球の半径の五九倍（正しくは六〇倍）であると算定できた。また、一〇〇〇個余りの星の位置と明るさをまとめた星表（カタログ）を作ったが、これは近世まで使われ、星空の導き手となった。さらに、エジプト時代から蓄積されていたデータから春分点が毎年後退していくことに気付き、天の北極が動いていること、つまり地軸の歳差運動を発見したのである。ヒッパルコスは、いわば天が提示している運動を読み解く達人であったと言えよう。そこには神の概念はなく、ただ古代エジプト以来膨大に集積された観測事実があり、それを虚心坦懐《たんかい》に解釈したのである。

その意味で、ヒッパルコスは天文学者であり、宇宙の構造をあれこれ論じる宇宙論者ではなかった。実際、彼はアリストテレスの天動説宇宙を疑うことなく受け入れ、前述のように、現実と合うよう徹底して修正を加えたのである。通常科学に徹して改良主義の道を歩んだのだ。ヒッパルコスの名声もあってアリスタルコスの地動説宇宙は顧みられなくなってしまったと言われている。

他方、ヒッパルコスが世界地図を作成していたことは興味深い。徹底したデータ主義者であった彼は、各地から寄せられる情報を基にして憶測も含めて世界の有り様を描いたのである。地中海世界は詳しく、遠くのインドやブリテンは大まかで、当時の地理的情報がどこまで及んでいたかが推定できる。

アンティキテラの機械

以上のように、古代ギリシャの天文学は理論が中心で、神に頼らないどころか自分たちの思念に天の運動を合わせようとするきらいもあった。しかし、近年になって技術と結び付いた天文学も行なわれていたらしいことがわかってきた。「アンティキテラの機械」と呼ばれる、惑星現象や日月食を予報する古代の装置が見つかったのである。

一九〇一年にギリシャのアンティキテラ島沖の難破船から青銅製の歯車装置が引き揚げられ、一緒に見出された陶器の壺《つぼ》やコインから紀元前一五〇年〜一〇〇年頃のものとされた。一九五〇年代から詳しく調べられ、この遺物は太陽・月の暦や運動、日月食の予報をするための一種のアナログコンピューターではないかと推測されるようになった。しかし、技術の不足もあって、その構造の詳細の解明にまで至らなかったのである。

新たに開発されたＣＴスキャン技術を駆使した結果が二〇〇六年と〇八年に発表され、大きく注目されることになった。この機械には、少なくとも三七個のギア（歯車）の複雑な組み合わせがあり、二〇〇〇文字近くもの天文学に関連するギリシャ語の単語（使用法？）が書かれていたらしい。入っていた箱の両面には天文現象を示す複数のダイアルがあり、クランクで日付を入力すると、前面は太陽年の日付・月と太陽の位置・月の位相の表示盤となっており、背面のらせん状機構を用いた二個の表示盤（メトン周期とサロス周期）で日月食の予測計算ができたらしい。実に巧みな天体運動の模写機械で、ギリシャ時代に既に工学技術が発達していたことが示唆される。

天の運動を地上に再現する試みであったのかもしれない。ギリシャ時代にもしたたかな技術者がいて、天を模倣することにその才能を注ぎ込んだのではないだろうか。そうであるなら、至高の天であっても手中に収め得るという自信に満ち溢《あふ》れていたと推測されるのだが、いかがだろうか。

第五章　神は複雑——アラビアの宇宙観

プトレマイオスの天動説宇宙

地球中心の天動説宇宙を確立したのは、プトレマイオスであった。彼は『メガレ・シンタキシス（数学的集成）』（後にアラビア語からラテン語に翻訳されるときに『アルマゲスト（偉大なるもの）』と呼ばれるようになった）を著し、それまでのギリシャ天文学を集大成したのである。

日月と五惑星の運動を導円・周転円・離心円の組み合わせによって説明しようとしたが、まだ完全に運動を再現できない部分が残る。そこで、周転円の上にさらに小さな周転円を付け加える工夫をした。しかしまだ完全ではないので、「エカント」と名付けた特別な点まで導入した。導円の中心に対して地球が位置する離心点とちょうど反対側の同じ距離のところにとった点で、この点から見れば惑星の周転円の中心がほぼ一定の角速度で動くように見えるよう操作したのである。そうしないと、惑星が近地点（地球に最も近づく点）では速く動き、遠地点（地球から最も離れた点）では遅く動くことが説明できないのだ。しかし、こうすれば当然、周転円の中心は導円上を等速円運動しなくなる。「等速円運動の組み合わせで惑星の動きを再現する」という教義を捨てざるを得なかったのである。

観測に合わせるために天動説宇宙は、こうして導円の中心から地球を外し（離心円）、さらに（エカントの導入によって）等速円運動を放棄した。ギリシャ以来理想とされてきた円および等速の体系から外れ、ますます複雑なものになっていった。そもそも、円や球の体系（天球、円の組み合わせ、球殻上の等速円運動）には何らの根拠もなかったのだが、それを最高とする美意識やドグマ（固定観念）があって簡単には放棄できない。そこで最小限の修正で済ませようとしてそれを繰り返すうちに、屋上屋を架すことになってしまったのだ。

「天を司る神は細部に宿る」とする信念に支えられていたのだろうか、それとも神のことなんか眼中にはなく、ひたすら時計職人のように歯車の数を増やしていっただけなのだろうか。後知恵なのだが、ヨハネス・ケプラー（一五七一年〜一六三〇年）によって地動説の立場から惑星が楕円《だえん》運動をしていることが明らかにされて、離心円とエカントの意味が見直されることになった。楕円には二つの焦点がある。離心円の中心に地球がいるとすれば、それは楕円の焦点の一つであり、（導円の中心に対して）その反対側にあるエカントは楕円のもう一つの焦点、つまり「反焦点」に対応することになる。この反焦点から見れば惑星の動きが比較的一様になることが知られている。地球中心説に固執していたために気付かなかったのだが、見当違いでありながら、案外神の足元に接近しているということであったのかもしれない。

初期のアラビア天文学

紀元五〇〇年前後からほぼ一〇〇〇年の間、ヨーロッパは中世を迎え、東方へレニズム文明が培ってきた学問や科学は衰退の時代に入る。ホロスコープ占星術は相変わらず盛んであったようだが、それ以上に天体の運動に関心を向けた兆候はない。地上の神の権力が強過ぎて、天にまで思いを広げる余裕を失ってしまったらしい。

ムハンマドがイスラム教を創始したのは七世紀初め頃である。ムハンマドはメディナにいたユダヤ人を通じて『旧約聖書』をよく知っていたから、その教典の『コーラン』に記述された宇宙創成物語は『旧約聖書』の影響を大きく受けている。全能の神アッラーが、天と地を創り、日と月を駆使して周期的に運行させて夜と昼や季節の変化を創り出し、塵《じん》土《ど》から人間を創造したことなどである。天体の周期的運動はいわば神が人間に投げかけた謎であったのだ。

ヨーロッパに代わって学問の中心を担ったのは、社会が安定状態になった九世紀以後のアラビア世界であった。古代ギリシャの学術の優秀さに気付いたイスラム帝国は、数々のギリシャの文献を集めてアラビア語に翻訳させた。そして東西交通が盛んになる一三世紀以後のヨーロッパに逆輸入され、ルネサンスに結び付いていった。天文学の分野でも、アラビア世界がヨーロッパにさまざまな影響を与えたのである。

その嚆矢《こうし》がアッバース朝第七代のカリフ（君主）であるアル・マムーン（七八六年〜八

三三年）が設立した「知恵の館（バイト・アル・ヒクマ）」であった。これはギリシャ学問の翻訳・研究センターで、図書館・学問所・天文台などの機能を併せ持つ教育・学術機関の中心となった。バグダッド天文台ではヤヒアー・マンスールが率いる観測チームが『マムーン表（ムスタハン・ジージャ、テストされた天文学宝典）』をまとめ、ギリシャの天文学や宇宙観を受け継ぎ、新たな発展を見せたのである。

また、アル・フワーリズミーはマムーンに仕えた天文学者・数学者で、プトレマイオスの天文表に似た『アル・フワーリズミー天文表』を完成させた。注目すべきなのは、この天文表の太陽・月・惑星の運動や食《しょく》に関する計算にインド天文学の数値が使われていることである。さらに、彼にはインドで発見されたゼロを用いた一〇進法位取り記数法を採用した『インド数学について』の著作もあり、アラビア世界がギリシャとインドをつなぐ架け橋となっていたことがわかる。彼の著作には「アルジェブラ（代数学）」の由来となる「アル・ジャブル」という新しい用語が使われており、数学に新境地を拓いたのである。事実、二次方程式の解法を扱った『ジャブルとムカーバラの計算の抜書き』という著作もある。このアラビア数学と位取り記数法を北アフリカで学んだのがフィボナッチ（一一七〇年頃〜一二五〇年頃）で、新しい算術計算法に関する『算盤の書』を著し、ヨーロッパにアラビア・インド数学を紹介した最初の人となった。学問はつながっていくものなのである。

アラビアを代表する天文学者は九世紀〜一〇世紀のアル・バッターニーだろうか。自らの天文観測結果を『ジージュ・アッサービー（サービア教徒の天文学宝典）』としてまとめ、黄道《こうどう》傾斜や太陽の遠地点の決定とその時間変化の記録や、太陽の離心率を高い精度で決定し、太陽と月の大きさの比較から金環食の可能性を論じている。これらの成果がヨーロッパに流入してニコラス・コペルニクス（一四七三年〜一五四三年）やケプラーに影響を与えることになった。

後期のアラビア天文学

一一世紀のイブン・アル・ハイサム（ラテン名はアルハゼン、九六五年〜一〇四〇年頃）は「近代光学の父」と言われている。「見える」という現象は、ギリシャ時代には目から物体に対して、ある種の視線が放射されるためとされていたのだが、アルハゼンは逆に「見ている物体から何かが放射されて目に入るため」と主張した。そのために眼球の構造を研究するとともに、レンズや凹面鏡の仕組み、光の屈折現象などにも研究の幅を広げたのである。彼の『光学の書（視覚論）』（一〇一一年〜一〇二一年頃）は、一三世紀初頭にラテン語に翻訳され、一五七二年にはドイツで『光学宝典』として出版されている。これもアラビア発の科学が西洋に影響を与えた一例である。アルハゼンの手法は観察と実験を基にし、そこから一般法則を帰納して数学的表現を得るという近代科学の方法を先取りしたものであった。

一一世紀初頭、エジプトのイブン・ユーヌスはカイロに教主ハケムが建てた天文台で観測を続け、食や合《ごう》の時刻、天文定数、イスラムで最も正確な星と惑星の位置などを記載した『ハケム表』を教王に提出した。ここに記された食のデータから、一九世紀のニューカムは月がゆっくりと地球から遠ざかっていることを証明したという。一一世紀のアッ・ザルカーリーはトレドで観測を続け、『トレド表』を完成させた。水星の軌道は円ではないと気付いており、ケプラーの考えを五〇〇年も先取りしていたと論じる天文史家もいる。

ペルシャのウマル・ハイヤーム（一〇四〇年頃〜一一三一、三二年頃）は、四行詩集

『ルバイヤート』を著した詩人として有名だが、天文学にも堪能《かんのう》な人であった。イスファーンの天文台で観測を行ない、『マリク・シャー天文学宝典』をまとめ、『マリキー暦（あるいはジャラーリー暦）』を作成している。この暦は閏《うるう》年を四年・八年・一二年・一六年・二〇年・二四年・二八年・三三年というふうに三三年周期でおくもので、五〇〇〇年に一日のずれしか生じないから、三〇〇〇年に一日弱のずれが生じるグレゴリウス暦より優れていると言えよう（もっとも、閏年を四年に一度入れ、一〇〇で割り切れて、かつ四〇〇では割り切れない年は閏年としないグレゴリウス暦の方がルールとしては簡単であるのだが）。

一三世紀ペルシャのアッ・トゥーシーは、マラガ天文台で星を観測し、『イルハーン表』をまとめた。多数の天文学者がマラガ天文台に集まってきたので、一時世界の天文学の中心になった。カスティリアの王であったアルフォンソ・エル・サビオは、二世紀前の『トレド表』を改訂した『アルフォンソ表』をまとめた（因みに、「エル・サビオ」は「賢者」を意味するスペイン語である）。これはラテン語に翻訳され、ケプラーの時代までヨーロッパの標準的天文表となった。アルフォンソは、惑星の運動を記述する計算が非常に複雑であることを嘆き、「もし神が私に相談してくれたら、もっと宇宙を簡単に創るよう助言したのに」と語ったと伝えられている。厄介な宇宙とした神への当てつけであろうか。

アラビア天文学の特徴

研究機関としての天文台という概念はイスラム世界に起源がある。アストロラーベ（観測装置）を工夫し大型化して（九世紀のアル・ファルガーニには『アストロラーベの製作』という著作がある）より精度の高いデータを得るだけでなく、結果の解析、データの集積と比較、文献の収集、資料庫の充実など、研究施設としての実を備えたものとして整備したためである。既にいくつかの天文台（バグダッド、カイロ、トレド、イスファーン）が建設されていたが、他にも一三世紀後半にマラガ、一五世紀前半にサマルカンド、一六世紀後半にイスタンブールなどに大天文台が建設され、天文表（太陽・月・惑星のデータ）や星表（星のカタログ）の作成に成果を挙げている。ひたすら神の足元に近づこうとしたのかもしれない。

しかし、イスラムの宇宙観は、基本的にはプトレマイオスの天動説宇宙から出ることはなかった。ギリシャの宇宙観に縛られていたのだ。とはいえ、よく整備されているかに見える天動説宇宙も時間が経つにつれ誤差が集積して予報と観測が一致しなくなっていったから、それをいかに補正するかが研究の中心になった。そのために何度も天文表が改訂されている。先に挙げただけでも、『マムーン表』『アル・フワーリズミー天文表』『ハケム表』『トレド表』『イルハーン表』『アルフォンソ表』がある。新しい観測機器の製作も行なっており、より精度の高い結果が得られたためだろう。

プトレマイオスの理論を修正する試みもあった。一四世紀のイブン・アル・シャティルは、離心円とエカントを組み合わせたプトレマイオス方式を止め、周転円の上に第二、第三の周転円を加えて等速円運動からのずれを説明しようとした。実は、この工夫は地動説を提唱したコペルニクスが採用しているのである。コペルニクスは宇宙の中心に太陽を据えたが、惑星は円運動をしているという先入観からは抜けきれなかった。そのため、惑星の複雑な運動を説明しようとして周点円の重ね合わせを持ち込まねばならなかったのである。

こうして天文学に対するアラビアの寄与を振り返ってみると、プトレマイオスの宇宙観に閉じられてはいたけれど、律儀に星を追いかけてきたことがわかる。イスラムの神アッラーを称《たた》えるためであったのだろうが、ヨーロッパに新しい天文学をもたらす遠因となったことは確かなようである。

アラビアからヨーロッパへ

コルドバを首都とする西サラセンではカイロを中心とする東サラセンとは異なった文化が育っていった。イスラム教のアラビア人とキリスト教のヨーロッパ人が共存しており、彼らはアラビア語を国際語としつつ互いにギリシャ語やラテン語を学び合う関係にあった。例えば、アラビア語訳されたアリストテレスのギリシャ語文献がラテン語化されてヨーロッパ人たちに提供されるようになっていたのである。

一三世紀に入ると、ペルシャ地区への元《げん》王朝による攻撃が何度もあり、それは一面では文化の伝播《でんぱ》の契機ともなった。中国の紙と印刷技術、そして火薬は元のダマスカス征服の頃にアラビアに伝来し、やがてヨーロッパに広がっていったからだ。アラビアでは一神教でありながら科学・研究・文化の多様性には寛大であったことが、アラビア学問の広がりの基本になったと言える。

このアラビアの学問を吸収すべくローマ教会はパリ大学やオックスフォード大学やケンブリッジ大学を創設した（一一六〇年頃から）。最初は神学を教え、やがて論理学・文法学・修辞学・算術・幾何学・天文学・音楽の七学科が教授されるようになった。こうして始められた大学教育によって数多くの知識人を輩出するようになり、一三世紀以降の「科学革命前夜」を演出することになった。もう一つ、商業地を中心にして、私塾を基礎にして創られた大学にボローニャ大学がある。学問を学びたい学生たちが集まってギルドを作り、資金を調達して教師たちを雇い入れる方式であった。資金を出す組合の連合を「ユニバーシタス」と言い、それが総合大学の呼称となったのである。そして、それがヨーロッパにルネサンスをもたらす重要な起点として働いたことになる。

「びっくり博士」と呼ばれた一三世紀のロジャー・ベーコン（一二一四年～一二九四年）はオックスフォード大学とパリ大学で学び、その後中世の殻を破って空想力豊かな実験やアイデアを提案したことで知られる。教会の神学的独裁主義に反対し、実験にもとづく実証的精神の重要性を強調した。そのため、一〇年以上もの間、聖フランシスコ修道会の監視の下で暮らさざるを得なかったそうである。他方、天動説宇宙に天国と地獄をあしらった「宇宙図」を素晴らしいレトリックと描画によって出版（一四世紀初頭）したのがダンテ（一二六五年～一三二一年）で、ボローニャ大学で修辞学を学んでいる。彼の代表作である叙事詩『神曲』は、イタリア語（トスカナ方言）によって書かれたことで一般市民に大いに広がることになった。天上に聳《そび》える天国と地の底にある煉獄《れんごく》と地獄、それを経巡《へめぐ》ることで宇宙案内を行なうという趣向で、西洋の人間の記憶に長く留《とど》められることになった。さらに、出現が早すぎた万能の天才としてレオナルド・ダ・ヴィンチ（一四五二年～一五一九年）を挙げておかねばならないだろう。絵画作品だけでな

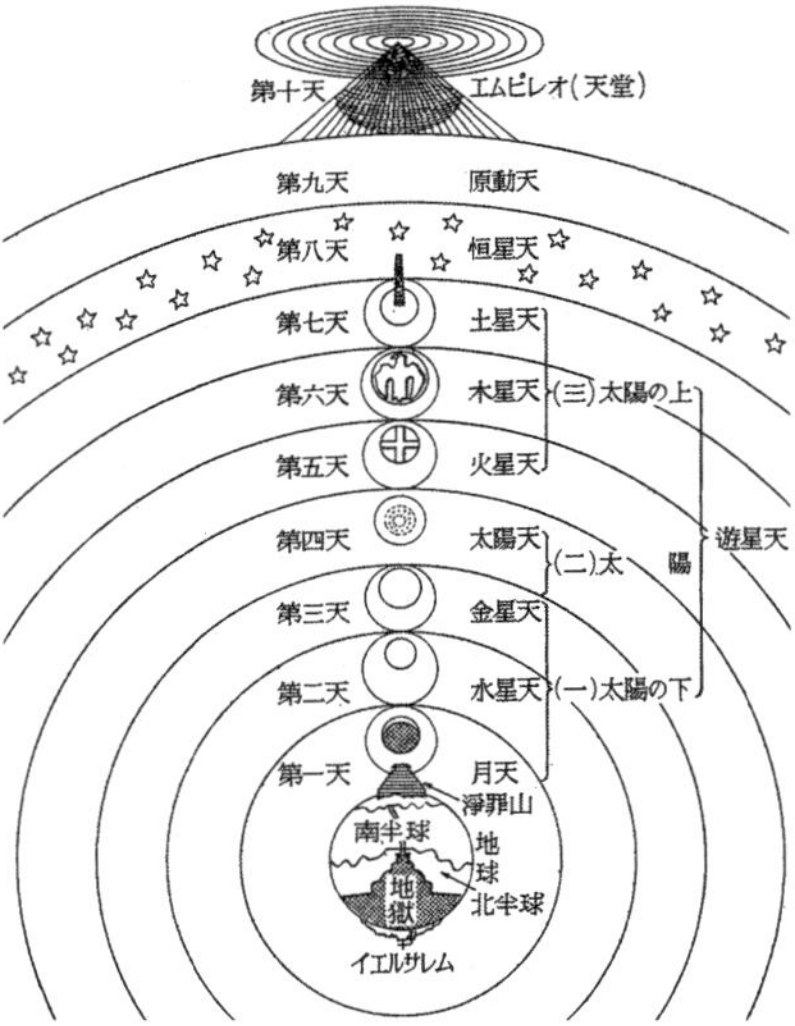

ダンテ，山川丙三郎訳『神曲（下）』岩波文庫より

く、戦車・飛行機・弾道・水の流れなど、彼が抱いたアイデアや観察事実を数多くのスケッチとして残している。彼は、技術者であり、実験家であり、空想家であった。さらには、化石は古代生物の遺物だとする科学的な観点の持ち主でもあったのだ。

このようにして、アラビアの科学によってヨーロッパ・ルネサンスと科学革命が準備された。その間に、徐々に天動説への疑いが高まり、天と地の交代への予兆が現れ始めていたのである。恐る恐る神の足元に近づき、神の素顔を垣間《かいま》見るようになりつつあったと言えるだろう。

第六章　神の仕掛け——錬金術と自然魔術

中世からルネサンスへ

一三世紀末から一六世紀の間に起こったヨーロッパ・ルネサンスは、個性の重視・感性の解放・現世の肯定などを背景にした芸術・思想の革新運動であるとともに、ギリシャ・ローマの古典の復興を契機とした文化革命でもあり、神中心の中世文化から人間中心の近代文化への転換の端緒となった、と辞書に書かれている。まだ神の桎梏《しっこく》は強いものの、神から離れた世界に憧れ、そこに新しい文化や人間の可能性を追求する時代を迎えたのである。そのルネサンスの前夜（あるいは当日）において、宇宙論と神の関係はいかなるものであったのだろうか。

ルネサンスが終期を迎えた一六世紀にコペルニクスが現れ、一七世紀に科学革命が進行した。ルネサンスの盛期と科学革命の時代にはほぼ二〇〇年の時差が存在したのだが、なぜそんなに長期の時間差が必要であったのだろうか。科学革命は古典復興で掬《すく》い取れる範囲を大幅に越えており、新しい（科学的）思考方法の獲得のための準備期間が必要であったのだと思われる。その準備期間に隆盛したのが占星術と錬金術と自然魔術である。これらはオカルト的・神秘的・超自然的な要素ばかりのように思われるかもしれないが、この後に見るように、ある意味ではこれらは近代科学の方法を先取りしていたとも言える。そこには大宇宙であるマクロコスモスと人間というミクロコスモスの照応という壮大な宇宙観・自然観が背景にあり、まさに現世において宇宙（自然）と人間が一体となっているという満足感を謳歌《おうか》したのである。その意味では神を自己に取り込むことができた幸福な時代であったと言えないでもない。この精神はアイザック・ニュートン（一六四二年～一七二七年）まで続いており、彼が提案した万有引力は大宇宙と地上世界との対応関係の具体的な展開と解釈することが可能である。ニュートンは最後の魔術師であり、最初の近代人であったのだ。やがて自然と人間は分離し、自然は人間が制御し征服すべき対象となる近代を迎えることになる。

占星術

英語では占星術を意味するアストロロジーと科学的な天文学を指すアストロノミーとを区別しているが、もともとは天に現れた全ての現象を検討する分野として同じように使われていた。近代になってアストロロジーは学問の世界から駆逐されたのである。

天には神々が存在して地上の人々と交信する。地上の神官は天の現象から神の意思を読み取り、人々に伝えることが仕事になる。やがて天の現象と人間の営みとが直接結び付けられ、占星術的な解釈がつけられていく。それには、天に現れた変事を地上に災厄をもたらす前兆として捉える「天変占星術」と個人の運勢や宿命を占う「宿命占星術」の二種類があった。東洋では記録にもとづく天変占星術が一九世紀まで続いたが、西洋では時計仕掛けの宇宙の運動という概念があるように、星の観察は法則志向の科学（天文学）として展開したため天変占星術は長続きせず、宿命占星術が生き長らえることになった。

バビロニア起源の宿命占星術は「ホロスコープ占星術」と呼ばれる。ホロ（時間）スコープ（標的）とあるように、生まれたときに黄道《こうどう》一二宮上の七つの星（五つの惑星と太陽と月）のいずれかが東の水平線に昇る点のことを言い、それで個人の運勢を占ったのである。バビロニアからギリシャ時代に流行した占星術の伝統は、中世の時代にアラビア世界を経て（インド占星術の影響を受けつつ）ラテン社会に移されヨーロッパに広がったという歴史を持つ。そこで注目されるのは、太陽・月・惑星が地上から遠く離れているのに、地上の人間の宿命にまで影響を及ぼすことができるとする遠隔作用の考え方があることだ。ミクロとマクロ宇宙の照応関係の仮定が、万有引力に通じる遠隔作用へと導いたのである。

また、惑星を人の臓器に関係させたり、体の器官を黄道一二宮に対応付けたりすることによって、星の動きと体調を結び付けることができ、天に病気の原因を求める占星医学が中世末期に流行した。パリ大学やボローニャ大学の医学部には占星医学の教授が雇用されていたそうである。他によく効く療法がないなら、天に権威付けられてすぐにインチキがばれない占星療法は重宝されたのだ。また、一四世紀の黒死病（ペスト）や一五世紀末の梅毒の流行の原因が地上に求められないとすると天の配剤とせざるを得ず、占星医学が求められたこともある。偶然、梅毒に対してヨウ化水銀軟膏《なんこう》が有効であることが見出されたが、それは凶星に対し水星で対抗するという占星医学のご託宣であり、面目躍如であった。

このような思いがけない占星術の効用はあったものの、占星術はあくまで宿命論的・決定論的伝統の産物であった。天の配置によって既に運命は決しているのであり、占星術によってその前兆を知るに過ぎないからだ。その意味では、錬金術や自然魔術といった現実を変える力を持つ（と思われる）ものがルネサンスの主役を演じたのである。

錬金術

自分の尾を呑《の》み込もうとする蛇の絵をご覧になった方も多いだろう。西洋では「ウロボロスの蛇」として知られている。ナイル川でよく見かけた光景だろうか。この尾を呑む蛇は錬金術のシンボルである。錬金術の思想では、あらゆる物質は土、空気、火、水の四元素が混合されたものであり、金はそれが完全なバランスで構成されているとみなすのだ。他の金属（あらゆる物質）はアンバランスな混合で構成されているのだから、それらの組み合わせを変成させバランスを回復するよう操作すれば金に到達することができる、というわけである。

つまり、物質は互いに連関し合っていて、加熱したり、冷やしたり、鍛えたり、薬品を加えたりというふうに手を加えれば、次々と異なったものに移り変われる。ウロボロスの蛇のように連なって円環を成していると考えたのだ。鉛や亜鉛のような卑金属であっても金や銀などの貴金属に転成できると信じ、あらゆる手を尽くして金にたどり着こうと努力したのである。錬金術には楽をして金儲《もう》けができると一攫《いっかく》千金を夢見た怪しげな人間が参入したのだが、その始まりから二〇〇〇年も経ったルネサンス期の錬金術の真髄は、物質とその変化が持つ真の本性を探ることに変質していた。そのまま字義通りに受け取れば、近代科学の目的と大きな違いはない。

ミクロコスモスと大宇宙であるマクロコスモスとの一致の思想は、錬金術においては、

ウロボロスの蛇　ⓒGranger/PPS通信社

宇宙のある物質を別の物質から生成する決定的に重要な諸段階を、地上の小さなスケールで突き止めることと言い換えることができる。あるいは、錬金術によるミクロコスモスのコントロールを通じて、マクロコスモスの出来事を操作する試みと言えるかもしれない。金を作るのは単なる副産物に過ぎず、自然を支配する力や世界に満ちている本質的な真理についての知識を求めるのが錬金術の本質的な目標なのである。錬金術はビジネスから崇高な目標を掲げた知の挑戦になっていたのだ。

パラケルスス（一四九三年頃〜一五四一年）という、錬金術に一つの時代を画した人物がいる。彼は若い頃に医学を修め、バーゼルの市医になって体液説のガレノス学派やアラビア医学のアヴィケンナを伝統医学信奉者だと批判して町から追放した。代わって彼は、病気の正しい治療はそれぞれの症例に合った薬の発見と処方にもとづくという観点を打ち出した。そのためには錬金術の手法である蒸留器を使って自然の物質からエキスを抽出し、体のバランスを取り戻すための化合物を調合することが大事だと主張したのだ。この考え方によって、化学者たちが生物医学的に有用な薬物の調合に集中するようになり、医学のカリキュラムに化学が入るきっかけとなった。パラケルススが「医化学の祖」と呼ばれる所以《ゆえん》である。

他方、錬金術師たちは、何が宇宙における変化を引き起こし、なぜものは変容し、成長し、衰退するのか、という問いを発するようになった。数々の失敗を重ねる中で、錬金術の本質について考えを巡らせるようになったと言える。そして、錬金術師たちと化学反応を扱う職人たちとの間で協力態勢が組まれるようになり、アルケミーからケミストリーへの変化の橋渡しとなったのである。いわば、錬金術が行き着いた先が近代科学としての化学であった。

自然魔術

本書を書くに当たって驚いたことは、弱冠二三歳のときに出版した『自然魔術』がベストセラーになったデッラ・ポルタ（一五三五年頃～一六一五年）と、近代科学の創始者の一人であるガリレオ・ガリレイ（一五六四年～一六四二年）とがほぼ同時代の人物であるということだった。神秘主義的思想と論理的思考が互いに角突き合わせるように社会に登場したのである。近代科学が最終的に勝利したことを知っている私たちは、ガリレオの考えがすんなり受け入れられたと思ってしまうが、実際はポルタの魔術的な思想・自然観の方が一般的であり、ガリレオの思考は特異であったようである。

自然魔術の最大の特色は、宇宙（マクロコスモス）と地上（ミクロコスモス）との感応による有機的統一を第一義として、生命還流と秩序的連鎖、事物間の共感と反感を強調することにある。生命の秩序的連鎖とは、神の叡智《えいち》界→星辰《せいしん》界→地上世界の構図の連鎖のことであり、上位のものは下位のものの性質を規定していて万物に親和力が生じると考えるのだ。事物間の共感と反感という根本原則にあるように、自然をその中に霊魂を含む生き物として捉え、人間は自然に内包され自然と調和を保って生きているとするのが魔術の自然観である。神学的には自然界の事物全てに神が宿るとする汎神《はんしん》論の立場をとっている。太陽を崇拝し、太陽からの光が森羅万象に宿ることになる。

その意味で、自然魔術は、自然界をありのまま自らの感覚的経験で捉えようとしたが、さらに事実の表面には見えない隠れた（オカルト的な）本性たる神の叡智（神秘）を知ることにまで踏み込もうとした。隠れた密室的な知を暴くことを目指し、奇跡的な現象の中に自然の秘密を探ろうとしたのである。その背景には、あらゆる結果には原因があって人間精神はそれを明らかにしたり理解したりすることができるとの信念があった。自然に関する考え方の規範として近代科学革命の思想を先取りしていたのである。

ポルタ自身が述べる自然魔術の原理の第一は、魔術とは自然界のさまざまな事柄を経験的・実践的に研究する学知であり、人をたぶらかす妖術とははっきりと異なっているということである。また、自然を一つの生き物とみなすポルタの思想の根本には、マクロコスモスとミクロコスモスの照応という発想が根強くある。その発想から、自然界に潜む、隠れた（オカルト的な）力を引き出せることから天上の力を操れることになり、自然を有機的な生き物の輪（ネットワーク）として捉えるのだ。神↓スピリト↓霊魂という上から下への流れと、逆に霊魂からスピリトを経て神へと至る流れの双方があり、そこで流れるものは生命そのものなのである。キリスト教における自然観では、自然は即物的で没価値なのだが、自然魔術では向かい合う自然に経験主義的な知的価値を与えるという特質を持っていると言えよう。

しかし、それらの特質があるがために自然魔術は近代科学革命に寄与し得なかったのである。キリスト教においては、人間は自然を客体化して支配する者であり、自然は機械そのものなのだが、自然魔術においては自然を生き物のように捉え、人間と一体化しているからだ。自然を人間と独立した客観物とすることによって近代科学革命が成し遂げられたと言うべきかもしれない。

最後の魔術師ニュートン

ニュートンと言えば、自然研究における合理的思考の象徴であり、「我、仮説を作らず」と述べ、数学的論証の厳密な形式によって自然法則を表現するという科学方法論の実践者であった。近代科学革命の中心人物であり、理性の天才そのものとみなされてきた。他方、錬金術に関する古代のテキストに夢中になり、金を作る秘密を探し求めてさまざまな実験に熱中し、「賢者の石」を手に入れたと一瞬錯覚したのもニュートンであった。科学の研究に費やす何倍もの時間を錬金術に捧げたのは天才ニュートンなのである。さて、いずれが虚像でありいずれが実像なのであろうか。

最初に結論を述べてしまうが、いずれもが実像であり、いずれもが虚像であった、ということなのだろう。科学と魔術とに二分して、魔術をすっぱり見捨てた近代以降においては科学者ニュートンこそが実像であるべきと考えられてきた。彼が錬金術に凝ったのも、化学的混合物が形を成し、いかに変容するかを突き止めるためで、当時としては科学であったのだから、ニュートンが魔術師に見えるのは虚像に過ぎない、とするのが一般的な見方であった。

しかし、一六九三年には自筆原稿に「賢者の石」を手中にしたことを書きとめ、「真のアクア・ヴィターエ（アルコール）」（アルコールの原義は細かく砕いたパウダーで、そして「最もよい部分」を意味する言葉だった）の発見を喜んでいた。錬金術の素朴な愉《たの》しみにも耽溺《たんでき》したのである。彼が、自然を包括的に捉えるには、高度な教養である数学と次元の低い錬金術の総合が必要だと考えていたのは確かなようである。世界を知るための新しい方法（科学）と古い方法（錬金術）との間を橋渡ししようとしたのだろうか。

ニュートンの重力（万有引力）理論でのマクロコスモスにおける惑星の運動法則がミクロコスモスにおけるリンゴにも適用されるという認識は、小さなスケールは大きなスケールを手本とするという錬金術の信念からのものである。また、自然のうちには秘密の隠れた（オカルト的な）力が存在するという信念は自然魔術に由来する。そう考えるからこそ、ライプニッツのように重力の原因の説明を求めるのではなく、ただそれが自明なものであるとして一切の説明を無視することができた。近代科学の方法はもっぱら現象の記述を完成することを目的としており、その原因を明らかにすることではないとの精神がここに形作られたのである。なぜ重力は距離の二乗に反比例するか、なぜ電子は粒子と波動の二重性を持っているか、などをあえて問うことをせず、そうであれば自然を完璧に記述できることのみを科学の仕事としているのだ。

近代科学とは、神の領域と人間の領域を明確に区別する方法と言えるのではないだろうか。占星術では神が定めた宿命には逆らうことができないのだが、錬金術と自然魔術が入り混じるようになったルネサンス後期においては、オカルト的な隠れた力を信奉し、ミクロコスモスの操作を通じてマクロコスモス（つまり神の領域）に介入しようとした。世界は変えることができるとの確信が生まれたのである（それが科学革命の原動力になったのかもしれない）。神の領域に踏み込むためには神秘学に分け入らねばならず、その具体的展開が錬金術であり自然魔術であったのだ。これらが近代科学の装いをしていることがこれでわかる。そして発見したことは、神は崇《あが》めたてて鎮座させておき、人間は神の桎梏を気にせず自由に研究を行なうという近代科学の方法そのものであった。人間と神を峻別《しゅんべつ》することによって神と決別する方法を見出したのである。

第七章　神の居場所——天と地の交代

コペルニクス以前

地球を中心とするアリストテレスの天動説宇宙を覆したのは太陽を中心とする宇宙にすげ替えたコペルニクスの地動説なのだが、そのアイデアは突然に提起されたわけではない。その一〇〇年以上前から、予兆とも言うべき天動説への疑問あるいは地動説への期待というようなものが表れていた。人々が神の偉大さを称賛するのに留《とど》まらず、ルネサンスの息吹を受けてより豊かな神の働きを称《たた》える中で、天と地の交代は必然的に、徐々に接近していたのである。

地球を宇宙の中心に据えた天動説の立脚点は、聖書の記述とアリストテレスの自然学の二点にあったが、実はこの二つの出自は完全に無関係であった。そもそもアリストテレス自然学はキリスト教以前の所産であり、物質はそれが孕《はら》む本来の性行に従って運動していることや天体運動の完全性（等速円運動を永久に続ける）の仮定の上に成り立っている。聖書とは縁もゆかりもないのである。ただ地球が中心である点だけが聖書と共通していたに過ぎないのだ。突き詰めて考えると、恒星天球の有限性を主張したアリストテレス宇宙論では、神の居場所も天国もあり得ないことになってしまう。つまり聖書とアリストテレス宇宙論は矛盾するのである。そのためにキリスト教会は何度も天動説宇宙を攻撃し、一二一〇年にはパリの大司教会議でアリストテレスの自然学を教えることが禁じられたほどである。

これを見たトマス・アクィナス（一二二五年～一二七四年）は、信仰と理性を調和させ、自然的理性による神の存在証明は可能だとして、アリストテレス哲学とキリスト教の教義を総合することを試みた。聖書が現実と合っていないことは多々あり、それを糊塗《こと》するためにアリストテレスを援用して丸く収めようとしたのである。堅苦しく言えば、神学的推論をアリストテレスの自然学という科学上の信念と結び付け、聖書が人間と宇宙、およびそれらの神に対する関係について簡明な説明を与えるように試みたのだ。

しかし、すぐにアリストテレスの自然学に対する異論が出されるようになった。例えば、フランスのジャン・ビュリダン（一三〇〇年以前〜一三五八年以後）は、インペトゥス（運動の意欲、今日の運動量のようなものだろうか）理論を使った投射運動・加速運動・振動運動を解釈し、恒星の日周運動を地球の自転によると仮定すれば説明できることを示している。アリストテレス流の物質が本来的に持つ傾向とは関係なく地球が動くことへの示唆を与えたのである。その弟子のニコル・オレム（通称オレムのニコラス、一三二三年〜一三八二年）は、運動の相対性を明らかにする中で地球の自転の可能性をもっと具体的に論証した。こうして、天動説宇宙で当然とされた仮定（恒星天球の回転）に疑いが持たれるようになったのだ。

さらに、大胆な宇宙論を展開したのがニコラウス・クザーヌス（通称クサのニコラウス、一四〇一年頃〜一四六四年）で、有限の宇宙は全能の神にふさわしくないので宇宙は無限に大きいはずだと主張した。そして、地球も太陽と同じように動いている星であり、他の星を経巡《へめぐ》っているとする。いささか荒唐無稽《こうとうむけい》な宇宙論に脱線してはいるのだが、地球だけに留まっているケチな神でなく、宇宙全体に恩寵を及ぼす偉大な神であると言い出したのだ。実際、地球は動くという当時ではばかげた考えに人々の思考を慣らすのに役立ったのである。

これらの異論は、地動説を直接指し示すようなものではなかったが、地球が静止しているという以前の固定観念を崩す重要なヒントとなった。このあたりから少しずつ、神の領域と物質運動の領域にずれが生じてきたのかもしれない。

コペルニクスの地動説

コペルニクスが地動説を主張するに至った動機として、偶像破壊的な意欲があったわけでも、何らかの神秘的な発想があったわけでもないらしい。というのも、ただ単純に「惑星が等速円運動を無限に続ける」というアリストテレスが至上とした考えに立ち戻りたかったためである、という説があるからだ。プトレマイオスの周転円理論を基礎とする天動説宇宙では、周転円や離心円などの円運動からのずれの存在を許容し、さらには導円の中心からずれたエカント（対応点）に関して惑星の速度が一定になるから、軌道の幾何学上の中心にある地球から見れば速度が変化しながら天空を横切ることになってしまう。コペルニクスはこの機構が気に入らなかったのだ。

彼の著書の『天球の回転について』（一五四三年）の序文（オシアンダーの筆になることが一六〇七年にケプラーによって明らかにされた）には、「この機会を捉えて、私もまた大地の可動性を考えはじめました。そしてたとえこの見解が不条理に思われたとしても、星々の現象を論証するためにどんな円でも虚構してよいという自由が私より以前に他の人々には認められていたのを、私は知ったのですから、『大地の何らかの運動が仮定されると、彼らのものよりも一層確固とした諸論証が諸天球の回転について発見されうるのかどうか』を検討することが私にも容易に許されるだろうと考えました」と書かれている。革命的な理論を出そうという意気込みではなく、単に地球が動くという観点に立って先人たちが行なった解析をやってみる気になったに過ぎないのである。そして、地球が動くという考えに物理的根拠が見出せなかったのでギリシャの古典に立ち戻り、地動説を提唱していたアリスタルコスを発見したのだ。

アリスタルコスと決定的に異なる点（優れた点）は、観測される惑星の運動を説明するためにきちんとした数学的体系を採用したことであった。彼は、太陽を中心とする七つの円軌道を各惑星に付与して運動させ、観測と最もよい一致を示す結果を得たのである。これによって、水星や金星が常に太陽近傍を運動する理由とともに、火星や木星に見られる逆行運動（見かけ上、惑星が後戻りするような動き）や各惑星が黄道《こうどう》上を一周する時間変化を定性的に説明できた。第一ステップとしては大成功ではあるが、プトレマイオスの天動説宇宙を上回るかどうかは、細かな数値まで再現できるかどうかの定量的な結果で比較しなければならない。

しかし、コペルニクスは円運動の桎梏《しっこく》を逃れることはできなかった。やはり、アリストテレス流の美意識から逃れられなかったと言うべきなのだろうか。コペルニクスが太陽を宇宙の中心に据えたのは、アリストテレスの考えでは下賤《げせん》な四元素（火、空気、水、土）から成るとする地球が中心にあるのは神が創った宇宙にふさわしくなく、高貴な元素のエーテルが固まった太陽が中心であるべきだとしたため、という説もまことしやかに流布されている。結局、彼は観測を再現するために惑星運動に離心円や周転円をいくつも導入しなければならなかった。こうしてコペルニクスの理論は、プトレマイオスの理論に比べ、より美しくも、より簡明にもならなかったのである。

また、地球が自転しているという明確な証拠があったわけではなく、聖書に書かれた事柄のみが真実であるとするマルティン・ルターのような宗教改革者からの強い反対にも遭遇した。ルターたちは、例えば聖書に書かれている『ヨシュア記』の「日よ　とどまれ　ギブオンの上に／月よ　とどまれ　アヤロンの谷に」（一〇章一二節）とか、『伝道の書（コヘレトの言葉）』にある「永遠に耐えるのは大地」（一章四節）、「日は昇り、日は沈み／あえぎ戻り、また昇る」（一章五節）など、都合のよい部分を引用して、地動説を非難したのである。

それにも拘《かかわ》らず、地動説を支持する層は少しずつ増えていった。一六世紀のキリスト教会は進歩的な思想を奨励していたからということもあったようである。しかし、『天球の回転について』に付された序文には、「それらの仮説が真である必要はなく、また本当らしいということさえなく、むしろ観測に合う計算をもたらすかどうかという一事で十分だからである」と書かれており、コペルニクス理論が単なる試論であるに過ぎないことを強調している。教会からの弾圧を逃れようとしたのだが、むしろ旧教より新教のプロテスタント運動から強い非難を浴びたのである。例えば、カルヴァンは「コペルニクスの権威を神聖な霊の権威より上に置くようなことを誰があえてするだろうか」と述べている。

ティコ・ブラーエの妥協

ティコ・ブラーエ（一五四六年〜一六〇一年）はレオナルド・ダ・ヴィンチとほぼ同時代のルネサンスの終期で科学革命の初期に活躍した、ある意味で時代の変わり目を象徴する人物である。彼は高貴の生まれで、一五七二年にカシオペア座に新しい星（超新星）を発見し、アリストテレス流の永久不変の天という概念を覆し、有能な天文学者という名声を得たのである。さらに、六個の彗星《すいせい》の運動を測定したが、その視差を検出することができないという結果を得た。そのことは慧星が月より遠くの天体であることを意味し、これも月上界は完全であり不変としたアリストテレスの主張に疑いを投げかけることになった。ティコは、アリストテレスの宇宙論を信用しなくなっていたのである。

一五七五年に、デンマーク国王から天文学研究を行なうための島（フヴェン島）と施設

（ウラニボルク＝天の城）を貸与され、十分な費用補助も受けることができた。そこで数多くの天文観測機器を作り、ステルンベルク（星の城）と名付けた地下式の観測所を設けて二〇年以上にわたって恒星および惑星の位置と運動に関する精密観測を行なったのである。彼の惑星の位置に関する記録は、誤差が角度で四分以内、恒星の位置については一分以内の精度であった。これらの精度は、それ以前の測定に比べて二倍以上優れており、季節や方向に関係なく系統的にデータが集積されていることに大きな特長がある。科学の出発点である現象論（観測・観察・実験によって多数の現象を記録する）段階の集大成者となったのだ。

彼はアリストテレス宇宙を信用しなかったが、コペルニクス宇宙に与《くみ》することもしなかった。もしコペルニクスが正しければ、地球が太陽の周りを回っていることになり、背景の恒星に対する土星の位置は年間を通じて変化する（視差が生じる）はずだが、ティコの精密観測をもってしても視差を検出できなかったからだ。また彼は、土星と恒星の間の距離が太陽と土星の間の距離に比べて七〇〇倍以上大きいこと以外には考えられないと正確に見積もったのだが、そんな広大な宇宙は受け入れられないとして地動説を拒否したのである。

そこで、彼が提案した宇宙体系は天動説と地動説の折衷案で、宇宙の中心は地球で静止しており、水星、金星、火星・木星・土星は太陽の周りを回りつつ、それら全体は月とともに地球の周りを回るというものであった（一五八四年）。数学的にはコペルニクス体系とほとんど等価であるとともに、地動説につきまとうキリスト教会との相克が避けられるという長所もあったが、まさに時代の変わり目に登場したティコらしい。そしてまた、科学革命初期という時代を象徴するような提案と言うべきかもしれない。

ケプラーの発見

デンマーク国王が代わったのがきっかけとなって、一五九七年にティコはフヴェン島から追放され、各地を放浪した挙句一五九九年にハンガリー国王ルドルフ二世のもとに任官しプラハに落ち着いた。しかし、望んだ天文観測を復活させることができないまま一六〇一年にこの世を去り、残された膨大な観測資料がそっくり助手として雇用されていたケプラーに引き継がれたのである。

既にケプラーは太陽を中心とする地動説宇宙を信じるようになっており（彼の師であるメストリンの影響らしい）、一五九六年に『宇宙誌の神秘』という本を出版していた。宇宙は対称性の高い五つの正多面体から成り立っており、これらと六つの惑星の間に何らかの関係があると考えた著作である。数秘術に凝っていたケプラーならではの発想で、各惑星の公転する球とその内側または外側の別の惑星が公転する球の間に正多面体が外接または内接しているとするのである。土星の公転球と木星の公転球の間に無色透明の正六面体のサイコロがあり、土星球はそれに外接し木星球はそれに内接した大円を公転している。木星と火星の間には正四面体、火星と地球の間には正一二面体、地球と金星の間には正二〇面体、最後の金星と水星の間には正八面体が収まっていることになる。正多面体はこの五つしかないから、惑星の数は六つでなければならないのである。その際、惑星と地球の会合周期に太陽中心の公転周期を割り当てて公転円の半径を求め、それに適合する正多面体を選ぶという手続きをとるのだ。このあたりは神秘主義に彩られているが、太陽中心説を疑いもなく当然のごとく採用していることが注目される点だろう。

都合よくティコの膨大なデータを引き継げたのは、実はケプラーがティコを毒殺したためではないかという疑惑がある。実際に、埋葬されていたティコの口ひげを調べて、急性の水銀中毒であったらしいことが示唆されている。もし犯罪であれば、それによって最大の利益を得た者が最も疑わしい、それはケプラーだ、というわけである。天の運動を司る神は泰然としているのに対し、それを読み解こうとする人間世界は陰謀に満ち満ちているということであろうか。

それは歴史のミステリーとしておき、ケプラーが一番苦労したのは惑星の運動軌道が太陽を焦点とする楕円《だえん》であることにたどり着くまでであったらしい。まず、惑星軌道はこれまで通り円とし、円の中心や半径を動かして数多く調べ、ティコの観測と合うケースを何年もかけて探したのだが、それに失敗したのである。結局、円ではなく楕円でもよいのではという着想を得、同時に惑星が運行する速さが太陽からの距離に関係していること（面積の法則）に気がついた（ケプラーの第二法則、一六〇五年）。そして面積の法則を満足する曲線は楕円でなければならないことを数学的に明らかにしたのだ（ケプラーの第一法則、一六〇九年発表）。ルドルフ二世からの年俸が減ったこともあって、ケプラーはプラハを去ってリンツへ移り、そこで惑星の公転周期と軌道半径の間に成立する一般的な関係

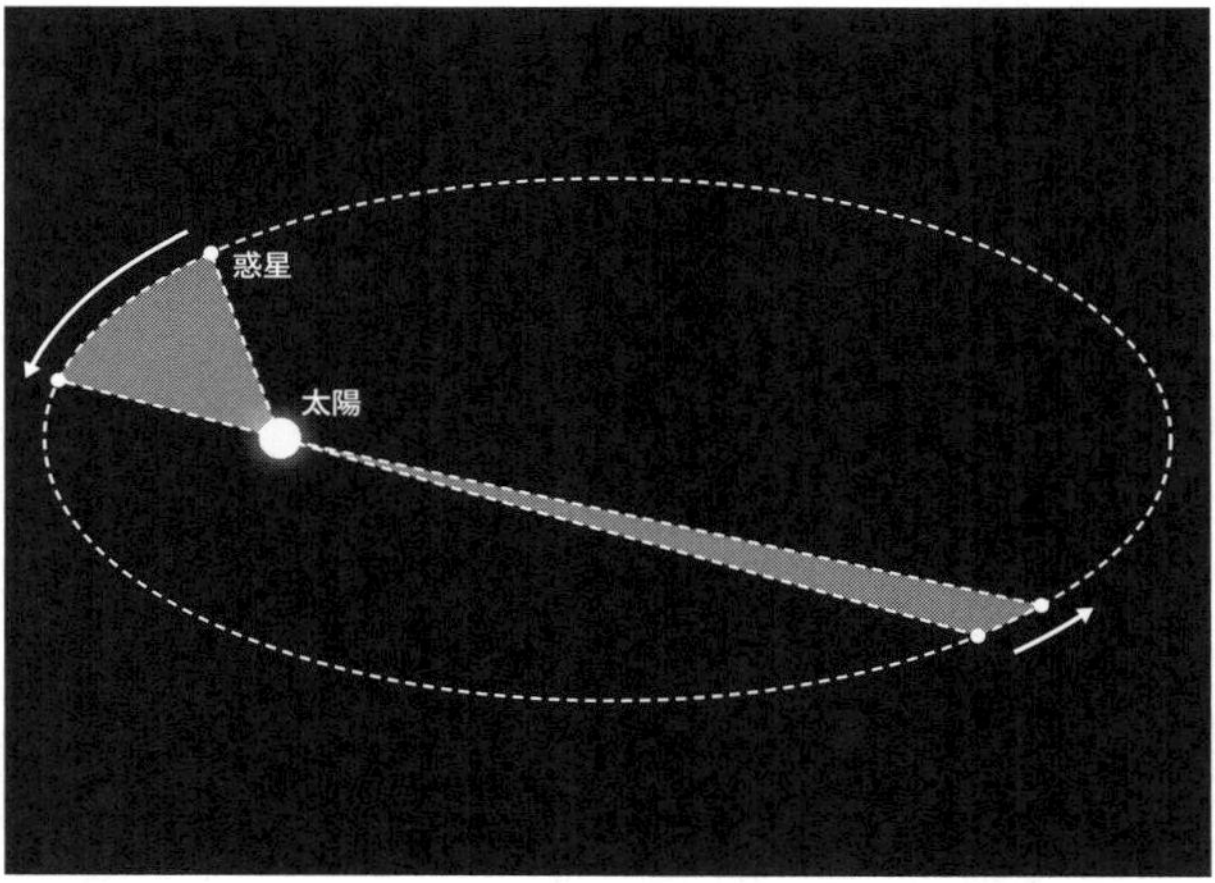

ケプラーの法則（惑星の移動時間が同じ場合どちらも同じ面積になる）

を発見した（ケプラーの第三法則、一六一九年発表）。最初の二つの法則が個々の惑星軌道に関する法則であったのに対し、第三法則は惑星系全体の一体性を規定する法則であることに注意されたい。同じケプラーの法則といっても、その指し示す意味は異なっているのである。

ケプラーは優れた数学者であったが故に、錯綜《さくそう》したティコのデータを見事に解析して経験則を打ち立てることができた。現象論で出されたデータを何らかの視点で整理して法則性を見出すことは、科学の発展にとって重要な一歩である。いわば、神が隠し持つ規則性や斉一性を発見する手がかりになるからだ。ケプラーはそこに素晴らしい才能を発揮したのだが、他方では彼は占星術者であり、数秘主義者でもあった。彼が見出したという数学的関係式は数多くあった。例えば、惑星の最大速度と最小速度は和音の間隔によって結ばれているという類のもので、それは彼の数秘主義がなせる業《わざ》なのだが、ケプラーはそれをも信じ続けていた。彼の情熱を支えた信念の一つは地動説が正しいことであったが、もう一つは「神は宇宙を神聖な調和に従って創造した」というものであった。「私は神の考えについて考察しているのである」と述べたという。ティコの毒殺も神の考えの実行であったのかもしれない。もしケプラーが現れなかったら、ティコの観測データは散逸してしまい、天文学や宇宙論に何らの寄与もしなかった可能性もあったと考えられるからだ。

第八章　神の後退——無限宇宙の系譜

世界の多様性

ジョルダーノ・ブルーノ（一五四八年～一六〇〇年）が異端裁判の結果、ローマの花の広場カムポ・ディ・フィオーリで焚刑《ふんけい》によって殺されたのは一六〇〇年のことであった。宗教改革の嵐が一応収まり、キリスト教会においても極端な排外主義が鳴りを潜めた時期であったにも拘《かかわ》らず、八年間も石牢に閉じ込めた挙句にブルーノを生きながら焼き殺す刑に処したのには重大な理由があった。それを見透かしたかのようにブルーノが呟《つぶや》いたとされる「裁かれている自分よりも裁いているあなた方のほうが真理の前におののいているのではないか」という言葉は、ブルーノがいかにも自信に満ち、未来への確信に満ちているかのようではないか。

キリスト教会から異端とされた彼の哲学的見解は、宇宙は無限であること、そして万物はその中で生成と解体を繰り返し、従って生命の輪廻《りんね》もあり得ること、この二点である。前者を空間的無限性の主張と考えれば、後者は時間的無限性を唱えたものと解釈でき、畢竟《ひっきょう》ブルーノは時空が無限であることを主張したと言える。つまり、宇宙は無限であって中心も端もないから、地球が中心とか太陽が中心とかいっても始まらない。地球は中心であるとともに端でもあり、全ての星が同じ立ち位置にある。また、宇宙にはこれから発達するであろう原初的な生命も、もはや黄昏《たそがれ》を迎えつつある老化した生命もあり、それぞれ異なった発展段階を精一杯生きていると考えたのだ。

私が眼を開かれたのは、ブルーノが月より上の世界の天体は第五の元素（エーテル）よりできているとするアリストテレスの説をきっぱりと否定し、地球と同じ四元素（火、空気、水、土）より成ると見抜いたことである。全ての天体は同じ物質からでき、同じように振る舞い、同じような転生輪廻を繰り返すと考えた根拠はここにある。地球や太陽系を絶対視せず、相対世界の一つと捉えることができたのだ。

ブルーノはティコ・ブラーエやケプラーのような天文学者ではないが、その知見から大いなる想像力を発揮して時空世界の無限性を説いたのである。むろん、それは神の全能性を称《たた》えるためであり、「万物は変化する。ただ一つのみ、変らぬもの、永遠なるものがある。永遠に一にして同一なるものとして止まるものがある」として、神は無限を貫く真理であるとみなしているのだ。

ブルーノの主張は、地球が宇宙の中心にあって至高の存在であり、そこに神が存在するとするキリスト教会と真っ向から対立する危険思想であった。アリストテレスの自然学を否定してコペルニクス宇宙を吹聴するだけならば、まだ有限の宇宙であるが故に生かしておくことも可能であったのだが、その枠を越え無限の多様性を含み込むブルーノの哲学はとても許容できなかったのだろう。

むろん、世界が多様であり、宇宙はこの地球のみに閉じ込められないという思想はルネサンス後期には広がっていた。先（第七章）に紹介したクサのニコラウスは、動く地球に神がいて、無限に大きい球である宇宙に無数に存在する星の世界を経巡《へめぐ》る物語を書いて枢機卿にまで出世しているからだ。ブルーノはそんなニコラウスの影響を受けたと言われる。また、ラブレー（一四九四年頃～一五五三年頃）は、ガルガンチュアとパンタグリュエルという架空の巨人父子の荒唐《こうとう》無稽《むけい》な物語の中で、火星人と金星人の戦いを話題としている。たとえ架空のこととはいえ、生命は地球のみに捉われないという思想は社会に広がっていたのだ。

ラブレー『パンタグリュエル物語』表紙
ⓒMary Evans/PPS通信社

死後出版されたのだがケプラーは著作『夢』（一六三四年）において月の生命を論じ、フォントネル（一六五七年～一七五七年）は『複数世界についての対話』（一六八六年）で金星人や火星人など異星人の存在まで想像している。地球が動くという概念は人々にそれほど大きなインパクトを与えたのである。さらに、ティコにより観測された彗星《すいせい》が月下圏より遥《はる》かに遠い出来事であるという発見は、宇宙の広大さと多様さについて人々のイメージを強く刺激したに違いない。世界を見る目が神の領域にまで徐々に大きく広がってきたのである。

ガリレオとカンパネッラ

一六〇九年、ガリレオが望遠鏡を手にして宇宙を観測した。そして、そこに発見したのはまさしく多様に展開する世界の姿であり、アリストテレスが示した単純な宇宙像とは異なったものであった。実際、太陽表面を横切って動く黒点や月の表面の山と谷は、天体が完全であるとするアリストテレスの教義と明らかに異なっていたし、天の川に見出した無数の星は、中心が存在しない宇宙における無限の恒星世界の存在を暗示していた。

また、木星の周囲を回る四大衛星の発見は地球を中心とする天動説への決定的な鉄槌《てっつい》となった。重い天体が中心にあって軽い天体がその周囲を回るのなら、重い太陽が中心にあって軽い地球はその周りを回るのが当然と考えられるからである。そして、金星が月と同じように満ち欠けする現象を目にするや、はっきりと金星が太陽の周囲を回っていることを確信したのだ（天動説宇宙では金星は三日月のままで変化せず、地動説では満ち欠けが生じるのだが、望遠鏡を使うまでは金星は点状にしか見えないので区別ができなかったのである）。

ガリレオは、ケプラーから『宇宙誌の神秘』を贈られたとき、既にコペルニクス宇宙の立場に立っていたが、あえてその論拠を公表してこなかったという返事を書いている。おそらく決定的な証拠が欲しかったのだろう。そして、まさに望遠鏡によってアリストテレス宇宙を論破する具体的証拠を得て、コペルニクス宇宙体系を公にする契機としたのである。技術が科学の発展に大きく寄与するきっかけとなった好例だろう。

ガリレオの科学革命への寄与としては、系統的な実験的手法の開拓によって科学の実証性を確立する方法を樹立したこと、および自然法則の数式表現によって普遍性・客観性を獲得する重要性を指摘したことが挙げられるであろう。実験と数学は神が隠し持つ秘密を暴き出すための有効な科学の手段であり、いずれも現代においては当然のことなのだが、ガリレオの時代になってようやく本格的に取り入れられたことは注目に値する。まさにガリレオの時代は近代科学の黎明《れいめい》期であった。

とはいえ、先（第六章）に述べたように、自然魔術の大家であるデッラ・ポルタはガリレオとほぼ同時代の人物であり、社会においてはまだ錬金術や自然魔術のような神秘的・オカルト的思想の方が一般的に流布されていた当時にあっては、ガリレオの思想の方が特異であり人々の驚愕《きょうがく》の的であったのだ。例えば、デッラ・ポルタの主張には経験知を尊重する特徴があるが、そこにおける実験（観察）という行為は人間が自然に働きかけて新たな魔術的効果を引き起こすための試みであり、ガリレオのような目的意識や系統性に欠けていた。しかしそれでよかったのである。

そのような錬金術的立場を保ちながら、ガリレオの主張にも共感を抱いたのがトンマーゾ・カンパネッラ（一五六八年〜一六三九年）で、その議論を紹介しておこう。彼はガリレオと寄り添いながら同化し切れなかった人物として興味深く、この時代の知識人を代表していると思われるためである。私たちはガリレオの登場で一気に近代科学が芽吹いたと思ってしまうが、実際はその有効性が認識される中でゆっくりと社会に沁《し》み込んでいったことを忘れてはならない。

カンパネッラは当時の施政者であるスペイン政府とキリスト教会からの弾圧に抗議して、

一五九九年に理想主義的革命を企て、それに失敗して二七年間も投獄されていたという特異な経験の持ち主である。一五九二年にガリレオとカンパネッラは出会って友人となり、手紙の遣り取りをしてきた仲であった（獄中でも手紙の交換や面会は可能であった）。一六一〇年にガリレオの『星界の報告』が出版され、それを読んだカンパネッラはガリレオに手紙を送っている。そこにはガリレオの業績への賛辞とともに、彼が抱く天動説宇宙観との相克に悩む姿が読み取れる。ガリレオへの質問事項として、「①なぜ〔恒星〕天球は不動か、②星の光はなにによるのか、③黄道の傾斜はなにによるのか」の三点を挙げている。この質問事項は世界を純粋に数学的構造と考えるガリレオの考えとはすれ違い、ガリレオは返事を書いていない。カンパネッラは、神の意思であると答えて欲しかったのだろうか。

一六一四年の手紙で、カンパネッラがガリレオを弁護するならいつでも論陣を張る覚悟があると述べているのは、当時ガリレオがキリスト教会の異端審問所に目をつけられていたためである。そして一六一六年にガリレオがコペルニクス説を放棄するよう命じられたとき、すぐに『ガリレオの弁明』を書いて教会側に送りつけている。その本では、神学者は科学的知を無視してはいけないし、「聖書」の教えは天文学的理念を対象としていないのだから、教会のガリレオ批判を不当だと糾弾している。科学と宗教は別であって、互いに補い合う存在であるという、当時としては画期的な内容であった。と同時に、太陽多元論であるガリレオの見解には納得できず、地動説を擁護できないことも正直に述べている。当時の良心的知識人の一般的傾向であったのではないだろうか。

宗教と科学が分離してゆく過程にあって、科学知が宗教的（あるいは魔術的）言説をゆっくり凌駕《りょうが》していく過渡期の現象と言えるだろう。

万有引力の歴史

距離の二乗に反比例する万有引力は、一六六六年にニュートンによって発見され、一六八五年に惑星軌道への適用がなされた。そこに至るまでには例のごとく多くの歴史がある。まず、惑星運動の法則を明らかにしたケプラーは、なぜ惑星は太陽を一方の焦点とする楕円《だえん》上を運動するか、に答えねばならなかった。ケプラーは、駆動霊たる太陽が発する放射状の線の集まりによって惑星を押して円運動を引き起こすと考えた。しかし、実際には円運動ではなく楕円運動だから軌道上の場所によって惑星と太陽の間の距離を変化させる力が働かなければならない。そこで定性的に考えたのが磁気的な力で、距離の二乗に反比例すればよいとしたのである。ニュートンの万有引力の原型はケプラーによって提案されていたのだ。

他方、ガリレオの友人であり門弟であったイタリア人のジョヴァンニ・アルフォンゾ・ボレリ（一六〇八年～一六七九年）は、惑星を太陽に向かって引っ張る力が存在しなければならないと主張した。でなければ、惑星は接線方向に飛び去ってしまうと考えたのだ。この力は太陽から空間を超えて惑星に働くという意味で遠隔作用の存在を示唆している。デカルトはもっぱら接し合う物の間に力が働く近接作用の重要性を力説したのだが、ボレリが遠隔作用について述べた最初の人であったのだ。

また、ロバート・フック（一六三五年～一七〇三年）は一六六六年に、一つの中心に向かう力が太陽を回る地球や惑星の軌道運動を引き起こしていると主張し、一六七四年に万有引力の理論として発表したのである。彼は、「惑星は引力によって引かれるので太陽の周りの閉じた軌道上を動き、この力の強さは距離とともに減少する」と述べている。まさに万有引力について明確に述べてはいるが、力の強さや距離への依存性などの正確な法則を確立できず、実際に観測されている惑星の楕円軌道と関係付けてはいなかったのである。

実は、ニュートンが同じ一六六六年に万有引力の逆二乗則を発見していたことは誰にも知られていなかったから、フックが万有引力について最初の発見者であると自認したのは無理もないことだろう。それが原因となって、ニュートンとフックの間に、万有引力の最初の発見者論争が行なわれたことは有名である。

一六八四年に、エドモンド・ハレー（一六五六年〜一七四二年）がニュートン邸を訪ね、「もし重力が距離の逆二乗で減少するなら、惑星の描く軌道はどのようなものであろうか」と質問したとき、ニュートンは即座に「楕円であろう」と答えた。「ずっと昔に計算していたからだ」として、後日にその証拠を見せた。これが万有引力発見の確かな時間とされている。逆二乗則の先取権がフックにあるかニュートンにあるかの論争がまだ白熱しており、ニュートンは怒りに燃えていた。そこでハレーが打った妥協策は、フックへの謝辞なしで『プリンキピア』を刊行することであったという。こうして地上の現象と地球および全ての天体の運動を普遍的に統合した理論が完成したのである。

万有引力と無限宇宙

太陽が宇宙の中心にあるというコペルニクス宇宙は、単なる天と地の交代ではない。地球は運動していて宇宙の絶対中心ではないことから、地球を取り囲む恒星天球も運動しており、しかもそれが有限の大きさである必要はなくなったからだ。つまり、恒星天球は地球を取り囲むという前提が取り除かれ、宇宙は無限であるという信念が論理的に現れたのである。ブルーノが無限宇宙を構想したのはその自然な表れであり、そこに種々の星が存在するとあれば、時間における無限性も当然視野に入ってくるわけだ。

コペルニクスの『天球の回転について』が出版されるや、早くも一五七六年にトーマス・ディッグス（一五四六年〜一五九六年）が無限宇宙の幾何学的な姿を具体的に提示した。諸々《もろもろ》の恒星が無限の高さにあって、高さ方向に球状に分布しているのだが、無限の空間に恒星がちりばめられているというのは描きがたいものである。この姿は、ガリレオによって天の川に無数の星が連なっていることが発見されて、世界の実相であることが確かめられた。

実は、「万有引力を認めるならこの宇宙が無限でなければならない、でなければ宇宙は潰れてしまうであろう」ことを論証したのはニュートン自身であった（ベントリー書簡）。もし物質が有限の空間に拡《ひろ》がっているのなら、必ず中心と端があることになる。すると、万有引力は必ず中心に物質を集めるように働き、いずれ有限の時間で全ての物質が中心に集まってしまい宇宙は潰れてしまうだろう。それを避けるには（つまり宇宙が永久に存在するためには）、宇宙は中心や端がない無限に広がる空間でなければならない、と。

この論は正しそうに見えるが、いくつか難点がある。第一に、宇宙が永久に存在しなければならない理由はない。有限時間で潰れてしまう宇宙であっても構わないのである。二つ目は、サッカーボールの表面のように有限であっても中心や端がない空間を考えられることだ。その場合は中心という特別な場所はないから、潰れることもない。三つ目は、運動し続ける宇宙の場合で、常に膨張するという条件を満たしておれば、やはり有限であっても潰れることがない。むろん、これらは後知恵で、さまざまな宇宙モデルが調べられた結果明らかになったことだから、別にニュートンの考え足らずではない。

ともあれ、コペルニクスの地動説が提案されるや、宇宙のイメージが大転換したことがわかる。コペルニクス自身にはそんな発想はなかったと思われるが、地球が中心という天動説の箍《たが》が外れると一気に想像が飛躍したのである。これとともに、神は地球から追放され（あるいは地球から疎開し）、無限の可能性が潜む宇宙へ退いたことになる。同時に、人間は神の不在をいい口実にして、勝手な宇宙を創り上げることになったのである。

第九章　神を追いつめて——島宇宙という考え

望遠鏡の時代

ガリレオが望遠鏡を使って宇宙を観察し始めたのは一六〇九年のことであった。以来、人々は望遠鏡を使って、より暗い（従ってより遠くの）天体の、より詳細な姿を見ることに精力を傾けるようになった。いわば、好奇心に駆られた人間が神の領域にずかずかと踏み込むようになったと言えよう。これによって、人々の宇宙がどんどん拡大し、宇宙がいかに大きいかを学んでいくことになった。さらに、次々と多種多様な天体が発見される中で、従来抱いていた宇宙像がいかに貧しかったかを知ることにもなった。宇宙の空間的・

時間的多様性を認識する時代を迎え、いよいよ宇宙の構造と進化についての考察が視野に入ってきたのである。それは現代にまで続いており、近代天文学が一気に開花したのだ。

科学者は自然を解剖する道具を手にすると、さらに強力で、さらに精巧な、さらに高度化された装置にしたいと望むものである。科学実験は必然的にビッグサイエンスの道を歩んでいくのだ。望遠鏡も例外ではなく、まず屈折望遠鏡（レンズを組み合わせて作る望遠鏡で、ガリレオ式とケプラー式がある）がビッグサイエンス化した。ただし、ガリレオ式では視界の大きさは倍率に反比例するので、焦点距離を長くして倍率を稼ごうとすれば視界が小さくなってしまい、天文学では使い物にならなかった。他方、ケプラー式だと焦点距離を長くしても視界は小さくならず、視界を大きくする視野レンズを入れる工夫もされたので、天体観測にはビッグサイエンス化したケプラー式望遠鏡が使われるようになった。一六四七年に製作された最初の巨大望遠鏡は、長さ四メートル余り、口径は四・五センチで倍率二〇倍程度であったという。

オランダのホイヘンス（一六二九年〜一六九五年）が巨大望遠鏡を天体観測に使った最初の人であっただろうか。口径五・七センチ、焦点距離三・三メートルで、対物レンズと接眼レンズが大きく離れていて鏡筒がなく、接眼部にだけ簡単な筒（これを「ハイゲン接眼鏡」と言う）を取り付け、その他は一本の棒だけの「空気望遠鏡」である。これによって、土星の第六衛星のタイタンを発見し、環を分解して観測することができた。また、カッシーニ（一六二五年～一七一二年）はなんと焦点距離が一一メートルという長大な空気望遠鏡を使って土星の環の隙間《すきま》（「カッシーニの間隙《かんげき》」）やいくつかの衛星を発見し、パリと南アメリカの同時観測で火星の視差を測定して地球と太陽との間の距離を高い精度で測定している。ダンツィッヒのアマチュア天文家ヘヴェリウス（一六一一年～一六八七年）は、長さ二三メートルの空気望遠鏡を建設して月面図を発表し、長さ四六メートルの史上最長の大望遠鏡でハレー彗星《すいせい》の観測を楽しんだそうである。アマチュアもビッグサイエンスに参加できる平和な時代であったと言うべきなのだろう。

屈折望遠鏡のようにレンズを使わず、鏡を使って光を反射させて焦点を結ばせるという反射望遠鏡を考案したのはニュートンであった（一六六八年）。主鏡の口径は三・四センチ、倍率は三八倍で、これによって木星の四大衛星を観察して反射望遠鏡が役に立つことを示したと伝えられている。これ以外にも、メルセンヌ式、グレゴリー式、カセグレン式、マーチン式など、反射望遠鏡にはいくつものタイプがある。主鏡で反射された光を受ける副鏡の位置や形、それに応じて主鏡に孔《あな》を空けるかどうか、接眼レンズを使うかどうか、などの差によるもので、それぞれ長所と短所がある。

主鏡は金属（銅と錫《すず》の合金である青銅製が主）で作られていた。ガラス製の望遠鏡も試みられたが、壊れやすいことや気泡が入りやすいことから、本格的に使われるようになったのは一九世紀の終わり頃からであった。金属鏡の場合、放置していると曇るという欠点があり、磨き直したり、作り直したりする必要があったが、鋳《い》やすいことや頑丈であることから広く普及したのである。そしてここでもビッグサイエンスの道を歩んだ。遠くのより暗い天体を見ようとすれば望遠鏡の口径を大きくしなければならない。望遠鏡が集める光の量は鏡の面積（口径の二乗）に比例するからだ。しかも、天体を詳しく分解して見る能力（分解能）は口径に逆比例するから、口径が大きいほど分解能がよくなることになる。

金属鏡を駆使して反射望遠鏡の能力を飛躍させたのはウイリアム・ハーシェル（一七三八年～一八二二年）であった。彼は、一七七三年に初めての反射鏡を磨いてから一八一八年に引退するまで二一六〇枚の鏡を磨いたとされている。彼が製作した望遠鏡のうち有名なものは、（A）口径一五・八センチのもの（天王星の発見、一七八一年）、（B）口径四八・五センチのもの（一七八五年）、そして（C）口径一二二センチのもの（四〇フィート望遠鏡、一七八九年）である。一番活躍したのは（B）で、二重星や星雲目録、天王星の二つの衛星の発見、星分布の観測による天の川の構造の推定など、素晴らしい業績を挙げている。使いやすさと大きさを併せ持った望遠鏡であったためだろう。（C）の巨大望遠鏡は、長さ一二・二メートルで重量は一トン近くもあったため、あまりに大き過ぎて取り扱いが難しく、ほとんど活躍しなかった。いくらハード面で巨大化しても、それを使いこなすソフトが伴わないと宝の持ち腐れになるという見本である。

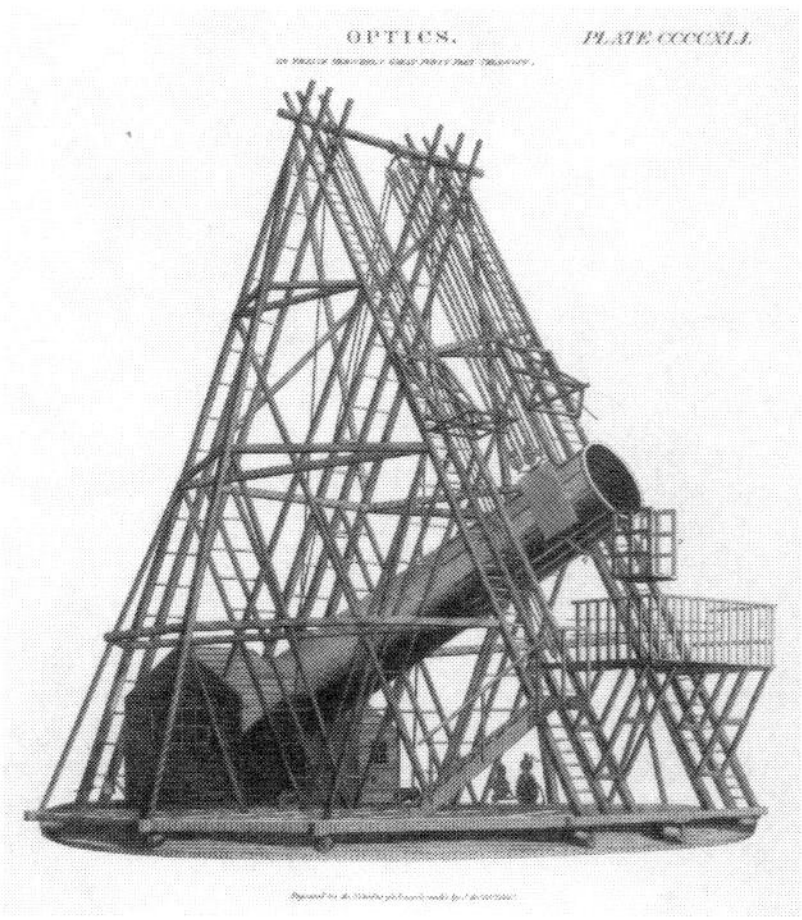

ハーシェルの40フィート望遠鏡
ⓒHeritage Image/PPS通信社

　それから五〇年経って、アイルランドのロス卿（一八〇〇年〜一八六七年)が製作したものが口径一八三センチで、「リバイアサン(怪物)」と呼ばれたそうである(一八三九年完成)。重さが約四トンの巨大望遠鏡なので簡単に動かせず、子午線付近の空に向けて固定し、その視野を通りすぎる天体を観測するだけであった。しかし、例えばM51と呼ばれるぼんやりとした光の塊である星雲を細かに分解して、明確な渦巻き構造をしていることを示したように、渦巻き星雲を数多く発見し宇宙の豊かさを見せつけたのである。

望遠鏡の発明とビッグサイエンス化による観測能力の拡大は、あたかも天から神秘のベールを剝《は》がすかのように宇宙の多様な姿を炙《あぶ》り出していった。そこには通常の星以外の思いがけない姿の天体が多く見つかり、神が隠れていそうな場所は無数にあるように見える。しかし、もはや世界の多様性を知った近代人は驚くことなく、ひたすら神が居住する場所を細かく追い求めようと、天の地図作りを開始した。その作業は現代まで続いている。

天の川の構造

ハーシェルは、天球上に見える星がどのように散らばっているかを調べていった。つまり、宇宙における星分布の地図を作成することを考えたのである。しかし、各々の星が私たちからいかなる距離にあるかがわからない。そこで彼は簡単に、星の本来の明るさ（絶対光度）はどれも太陽と同じであると仮定した。そうすれば、見かけの明るさが明るい星は近くにあり、暗い星は遠くにあるから（見かけの明るさは距離の二乗に反比例する）、相対的な距離分布を得ることができるわけである。

そして彼は、天球に縦横の線を入れてそれぞれの区画に番地を振り、各番地の場所に見える星の数を明るさごとに数えていった。といっても肉眼で見るため、いちいち望遠鏡から目を離すわけにはいかず、彼はもっぱら望遠鏡を覗《のぞ》いて星の数を数え、妹のカロラインが記帳していったというエピソードが伝えられている。彼らは、天の川の全体を含む（従って全季節にわたって）六八三領域の方向についてこの観測を行ない、天の川の広がりと奥行きの構造を明らかにしたのである。それによれば、天の川は縦と横の比が三対五の巨大な凸レンズのような形をしているというものであった。これは現在受け入れられている天の川の姿（縦と横の比が一対一〇の円盤形状）とはかなり異なっている。またハーシェルは、私たちの太陽系はこの星分布の中心にあると考えたが（どの方向を見ても同じ数の星が見えたため）、実際には私たちは円盤の端っこの方に位置していることもわかっている。

このような解釈の違いが生じたのは、全ての星の絶対光度が等しいという彼が採用した仮定、および星間物質（星と星の間に広がっているガス状の物質）による光の吸収を考えなかったことが原因である。さまざまな質量の星があり、その絶対光度は質量の三乗から四乗に比例するから、質量が四倍異なるだけで明るさが一〇〇倍以上も異なることになる。つまり、近くにあっても暗い星があり、遠くても明るい星があるので、見かけの明るさは距離の指標にはならないのである。また星間吸収によって、ある距離以上になると星の光が弱くなって見えなくなる。ハーシェルが観測できたのは比較的近傍にある星ばかりであったから、どの方向にもほぼ同数の星が見えたのである。彼は星分布の端にまで観測が到達していると考えたのだが、むろんそこまで達していないため全体像を間違えてしまったのだ。

しかし、ハーシェルが示した天の川の構造は重要な点を指摘していた。星は天球上に無数に存在しているように見えるが、どこにも満遍なく散らばっているのではなく、集団を形成して塊となっているらしいという点である。そのことは、ハーシェルが挑戦したもう一つの課題である星雲の問題とも深く関係していた。宇宙に散らばる無数の星の世界に逃れた神は、単独の星を経巡《へめぐ》っているのであろうか、それとも星の集団を自らの宮殿としているのであろうか。ますます巨大な望遠鏡を手にした天文学者は神を追い立てるがごとく、詳細にまで踏み込んでいったのである。

いろいろな星雲

ハーシェルの観測以前から、宇宙には「星雲」と称される天体が数多く存在することが指摘されていた。光を照り返す雲が重なったように見える天体で、肉眼で見る限りそこに星が見える場合とはっきりとは星が見えない場合があり、天体までの距離測定法がまだ確立していなかった時代においては、その正体が何であるか不明なままであった。

そのような段階においては、まず博物学的にサンプルを収集することが研究の出発点になる。ハーシェルは天の地図作りをする傍ら、単一の星ではなく星雲と見られる天体をピックアップして星雲カタログを作っていった。星雲と一言で言っても、星が見えずに雲が光を反射して輝いているもの、明るく輝く星が中心にあってそこからの光によって周囲が照らされているもの、星が多数集まって光の塊となっているものなど、いろんなタイプの星雲が混在していることがわかってきた。しかし、ハーシェルの時代には、これ以上の探索は不可能であった。より細かに分解する能力が当時の望遠鏡にはなく、まさに「もやもやとした」形状を認識するに留《とど》まっていたからだ。現在でも通用している「メシエ・カタログ」(一七八一年)には一〇三個の星雲がリストアップされているが、そこには非常に遠方にある大きな天体も近傍の小さな天体も脈絡なく混在している(ことが後でわかった)。肉眼で見る限りでは区別できないためだ。先述したロス卿の巨大望遠鏡「リバイアサン」によって渦巻き状に星が連なっている天体が発見され、その多様な姿が少しずつ垣《かい》間《ま》見られる程度であった。

そのような、まだ状況が曖昧《あいまい》で明確なイメージを抱きにくい時代であればこそ、逆に人々の想像力は大きく飛躍するものであるらしい。ハーシェルは、私たちが天の川に属しているように、星雲それぞれが独立した星の集団であり、それらが宇宙空間に点々と散らばっているという宇宙論を提案した。「島宇宙」論である。この島宇宙の考えは、既にイマニュエル・カント（一七二四年～一八〇四年）が『天界の一般自然史と理論』（一七五五年）で提案したアイデアで、無限の宇宙に星が点々と散らばるというイメージから空想していたものであった。それを具体的な姿でハーシェルが提示したと言えるかもしれない。人々の宇宙が狭い太陽系から解放され、広く多様な世界へ拡がっていったのである。まさに多数世界が共存して宇宙を構成しており、神が存在できるのは島宇宙のいずれかでなければならないのだ。

ところで、肉眼で見る限りでは区別し難かった星雲は、その後の天体の写真術とスペクトルを撮る技法の発展（これらについては次節で述べる）によっていくつかの典型的なタイプに分類されるようになった。大まかに言えば、天の川（銀河系）内部にあって星間雲が明るい星に照らされている「星雲」（星が一個～数個しかなく、散光星雲、暗黒星雲、惑星状星雲、超新星残骸などに分類される）と、天の川外部にある「銀河」（星が一億個以上集まり、渦巻き銀河、楕円《だえん》銀河、不規則銀河などに分類される）に分けられ、その中間のものとして天の川に付属する「星団」（星が数個から一〇〇万個程度集まっており、球状星団と散開星団の二種類が存在する）がある。そこに含まれる星の数は圧倒的に異なる（従って、大きさが何万倍も異なる）のだが、肉眼で見ている限りは区別がつかないのである。そして、これらまでの距離が決定できて、実際の大きさがわかったのは二〇世紀を過ぎてからであった。その意味では、焦点が合わない望遠鏡で宇宙をぼんやり眺めていた一八世紀～一九世紀は神にとっても楽しい時代であったかもしれない。すぐ傍《そば》の「星雲」に姿を現したり、遥《はる》か何百万光年先の「銀河」に見え隠れしたりと、変幻自在に存在場所を変えられたからである。そして、実際に人間の側も神の在《あ》り処《か》についてはあまり頓着せず、ひたすらその面影を追いかけていた。平和共存時代であったのだ。

写真術の応用

科学の進展は技術の発達に大いに左右される。天文学も例外ではなく、まず望遠鏡の発明によって人々の視野が飛躍的に広がり、見通すことのできる距離が何桁《けた》も拡大した。続いて起こった技術革命が写真術の応用であった。それまでは肉眼で見た天体の姿をスケッチするしかなかったのだが、写真によって客観的な像として保存することが可能になったのだ。個々の観測者の恣意的要素がなくなり、誰もが同じ写真を目にすることができ、年月を経て過去の姿と比較したり寸法を合わせたりすることも自在にできる。極めつきは天体からの光を波長ごとに分けて光の帯とし（これをニュートンは「スペクトル」と名付けた）、フィルム上に焼き付けてその詳細を調べることができるようになったことだろう。単に天体の姿を像に撮るだけではなく、その物理的性質の差違まで見分ける方法が手に入ったのである。その最も重大な結果は、どの天体も地球と同じ物質から創られているという単純な事実だろう。それは前々から推測されていたが、実際にそうであることが示されたのは、地上も天体も同じスペクトルであったという結果からであった。人々の宇宙が太陽系からより広い世界へと拡がっていったのである。

このアナログ撮影はフィルムや乾板へと進化して一〇〇年にわたって天文学に大きく寄与したが、一九七〇年頃から電子撮像（デジタル方式）が使われるようになった。そして、現在では半導体を用いたＣＣＤ（電荷結合素子）写真が主流になり、アナログ写真は姿を消した。地上のカメラがデジカメ一辺倒となったのと軌を一にしている。何しろ、ＣＣＤを使えばフィルムや乾板の一〇〇倍の効率となるからだ。

写真術の発明とその後の発達は、人々の宇宙感覚を狭くしたかもしれない。何億光年彼方の天体であろうと距離に関係なく、すぐ傍にあるかのようにその姿を鮮明に映し出すことができるからだ。そして、いずこにも神の姿を確認できなくなった人々は、もっぱら神の不在を信ずるようになってしまった。天文学においても神の死が宣言されたのは一九世紀末であった。

第一〇章　神は唯一なのか？　多数なのか？——大論争

銀河系の構造と「星雲」

一九世紀末、大小さまざまな望遠鏡が建設され、写真術も発達して天体の像が比較的手軽に撮れ、その姿を誰もが目にすることができるようになった。しかしながら、まだ分解能が悪いために、宇宙空間に多数分布している「星雲」がガスだけの集団なのか、多数の星の集まりなのか、ガスも星も含まれる複雑なシステムなのかをはっきりと区別できなかった。「星雲」がいかなる天体であるのか、それが一九世紀後半の宇宙に関する重大トピックスであったのだ。

他方、私たちが属している銀河系の姿が少しずつ明らかになるにつれ、「星雲」も銀河系の仲間であり、それらはカントが描いたごとく「島宇宙」として点々と宇宙空間に散らばっているというイメージが先行していった。人々の想像力は、時には遥《はる》かに時代を先駆けて飛躍することもあるという好例だろう。実際にそれが事実であると示されたのは、ようやく個々の「星雲」までの距離が決定できて宇宙の尺度が確定した一九二四年のことであった。それまでは、(A)この宇宙には巨大な銀河系のみが存在し、その内部に多数の小さな「星雲」が存在しているという描像と、(B)銀河系に似た「星雲」(一般的に銀河という)は広く宇宙空間に点々と分布し、それぞれが独立した「島宇宙」(銀河)である、という二つの見方のいずれにも軍配を上げることができなかったのである。いわば、唯一無二の巨大な銀河系が宇宙全体を包含しているとする一神教的世界像(A)と多数の銀河世界にそれぞれの神が宿る多神教的世界像(B)の双方が打ち出されていたのである。そのいずれが正しいかを決めるためには、まず足元の銀河系の内部構造を詳しく調べ、それから得られる知識を集約して「星雲」像を確立することであり、神を畏れぬ天文学者はひたすら一歩一歩神の居場所を露わにするための作業を続けたのであった。

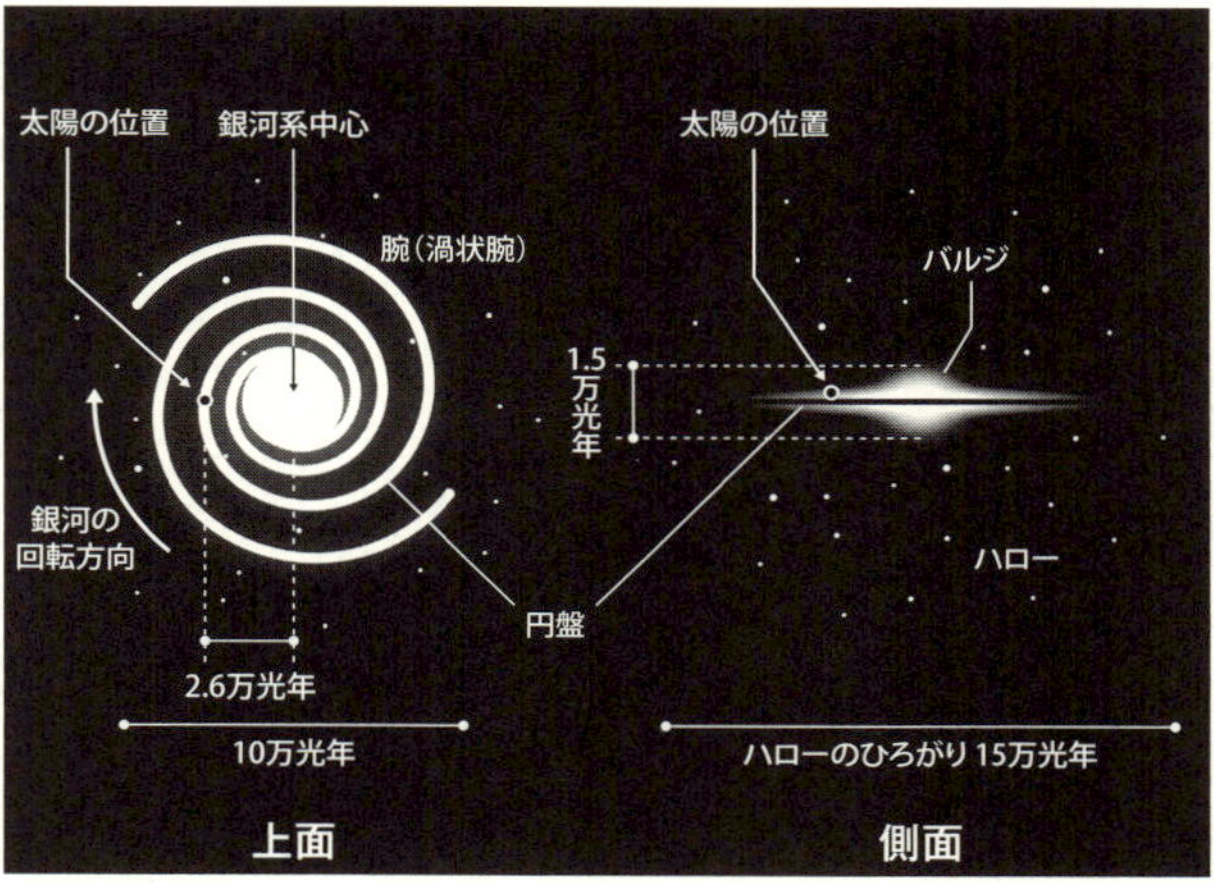

銀河系の構造

肉眼で夜空に見える星は全て銀河系に属する星である。それらはみな同じように見えるのだが、詳しく観察すると二種類あることがわかってきた。一つは、銀河系の円盤部を形成するように分布し、銀河系中心の周りを円運動しているおおむね若く青い星である。もう一つは、円盤に対して垂直方向に分布し、円盤に対して上下運動をしているおおむね古く赤い星である。前者をディスク（円盤）種族（あるいは種族Ⅰ）、後者をハロー種族（あるいは種族Ⅱ）と呼ぶ。ハローとは、ご本尊（中心部）を広く取り囲むほぼ球状の部分のことで、仏像の光輝く光輪部分に当たる。ここには多数

（一万個以上）の星が球対称に分布する「球状星団」が存在していることが知られるようになった。他方、円盤部には多数のガスも残っており、また星とガスは渦状《うずじょう》の腕をなすように連なり、そこで生まれたての明るい星が輝いていることもわかってきた。これら全体を外部から撮影すれば、星とガスが共存して渦状に星が群れている「星雲」として見えるだろう。つまり「星雲」の一つは、私たちの銀河系のようなシステムであったのだ。

球状星団にはガスはほとんどなく、星だけの系である。そのエネルギーを計算してみると、星同士に働く重力エネルギーの方が拡《ひろ》がろうとする運動エネルギーを上回っており、星団系として永続すると考えられる。それに対し、円盤部には生まれたての若い星が集団として分布している星団もある。それらの星は別々の方向を向いて速い速度で拡がろうとしており、やがてバラバラになってしまうと予想される。こちらの星団系は有限の時間しか持続しないらしい。いずれにしろ、銀河系内部には星だけが集まった系がいくつも存在しており、それらも「星雲」として観測されているのである。

さらに、若く明るく輝く巨大星からの紫外線や粒子線の放出によって、周りのガス雲が照らされて光を反射したり、エネルギーを吸収してから強く放射したりして輝く領域が円盤部にはいくつも散見される。これらは見かけの姿から、反射星雲、輝線星雲、散光星雲、暗黒星雲、惑星状星雲、HⅡ領域などと、それぞれ特徴ある姿を強調する名前で呼ばれてきた。単一の星の周辺部の姿だから星団系などと比べるとスケールは小さいけれど、これらも遠くにあればやはり「星雲」として見えるはずである。

このように銀河系を詳しく観測することによって、「星雲」のうち二種類は銀河系内にある星団や若い星周辺部の姿であることが明確になってきた。そうすると、残るは銀河系と似た渦状腕《かじょうわん》を示す「星雲」のみが「島宇宙」の候補となり、それが「島宇宙」とすれば、どれほど大きく、どれほど銀河系と独立しているかが鍵となる。あるいは、それらも銀河系内に存在するガスが形作る構造の一部であるかもしれない。そのいずれであるかについて、一九二〇年四月二六日に歴史的な「大論争（グレート・ディベート）」が行なわれたのだが、その話題に移る前に、私たちが住む太陽系は銀河系の中心部ではなく、むしろ辺境部に位置することが前もって明らかにされたことを述べておきたい。太陽系も宇宙の特別な存在でないことがわかってきたのだ。

宇宙の中心は？

地球が宇宙の中心にあって世界は地球の周りを回るという天動説宇宙は、神が存在するこの地球こそが宇宙の中心にあるという考えであったが、やがてダンテの世界像のように、神は天球の彼方の天国に去り行き、唯一無二の地球には神に選ばれた人間が居住するが故に宇宙の中心にあるべきという考えに移り変わってきたようだ。少しずつ人間中心主義の色が濃くなってきたと言えるだろう。コペルニクスによる地動説宇宙への転換を受け入れれば、地球は平凡な一つの星に過ぎず、唯一無二ではなくなってしまうのだ。それ故にローマ教会は抵抗したのである。

地動説を受け入れざるを得なくなっても、なお太陽系は宇宙の中心にあることを人々は望んでいた。やはり、私たちを中心とした宇宙であればこそ安心できるためだろうか。ハーシェルが銀河系の星分布を観測した図を提出したが、太陽系はその中心にあると仮定していた。実際、星は多数存在しても遠くの星の光は星間に存在するチリやガスに吸収され、実際に観測できる星は比較的近くの星に限られている。そのため、周囲を見ればどの方向にも同じ数だけの星が観測できるから、観測者たる人間は宇宙の中心にいると誤解しても不思議ではなかったのだ。

しかし、二〇世紀に入って、太陽系は銀河系の中心ではなく端っこにあることが明らかになってきた。ハーロー・シャプレー（一八八五年〜一九七二年）の仕事である。シャプレーは、変光星の光度と変光周期の間に簡単な関係があることに目をつけた。実は、それ以前にハーバード大学天文台のヘンリエッタ・リービット（一八六八年〜一九二一年）が小マゼラン星雲に存在するセファイド型変光星の見かけの光度と変光周期の間に簡単な関係があることを見出していた。何らかの方法で絶対光度と見かけの光度の関係がわかれば、この関係を用いて変光周期から距離が決定できることになる。シャプレーはセファイド型変光星について、この関係を確立したのである。これによってハローに存在する球状星団中のセファイド型変光星までの距離を決定することができたのだ。

その結果、球状星団は射手座方向に集中しており、その反対側には少ないことを明らかにした。球状星団は天球面上に満遍なく一様には分布していないのだ。もし太陽系が銀河系の中心にあり、銀河系の中心がハローの中心でもあるとすれば、球状星団の分布は偏りがなく一様なはずなのに、観測した球状星団の分布は偏っているのである。つまり、太陽系は銀河系の中心にいるのではなく、むしろ中心から外れたところにあって、脇から中心部を見ているとすれば観測結果を巧《うま》く説明できることになる。こうして、私たちは銀河系の中心から排除されることになった。第一次世界大戦が始まった頃の太陽系は銀河系の中心にあると考えられていたが、戦争が終わった頃には銀河系の中心ではなくなっていた、と言われている。時代が転換するときの変化は瞬く間なのである。

併せて、球状星団の分布の中心と銀河系の中心とが同じであるとして、私たちが中心からどれだけ外れているかが決定された。その結果、銀河系円盤の直径が一〇万光年にもなり、そこには一〇〇〇億個を超える星が含まれることがわかってきた。銀河系は巨大な星とガスの集団なのである。この事実が次に見るように、優れた天文学者であったシャプレーですら宇宙の大きさについて誤解させたのかもしれない。

一九二〇年の大論争

銀河系の中にはさまざまな種類の天体が存在し、「星雲」のうち二種類は確実に銀河系内に対応天体があることが明確になった。また、銀河系は（当時予想されていた大きさに比べて）巨大であることも明らかになった。とすると、もう一つの渦状腕を示す「星雲」も銀河系内に存在するガス構造である可能性が高い。そうだとすると、「島宇宙」論は瓦解することになる。

この渦状腕を示す「星雲」の代表は、アンドロメダ星雲であった。写真に撮ると比較的大きく写り、外側のアームには斑点状の構造が見つかっていた。しかし、それが極めて遠方にある星の集団なのか、比較的近くにあるガスが作る星雲状の構造なのかはまだ判然としていなかった。つまり、直接的にはアンドロメダ星雲が銀河系外の銀河系に似た巨大な星の集団（銀河、「島宇宙」）なのか、銀河系内のガス星雲なのか、が決定できなかったのだ。

折しも一九一七年にアメリカのロサンゼルス郊外のウィルソン山に一〇〇インチ（口径二・五メートル）望遠鏡が完成し、この望遠鏡を使ったプロジェクトとしてアンドロメダ星雲までの距離測定が提案された。それが可能になれば、アンドロメダ星雲が銀河系内に存在する天体なのか、それとも銀河系外にあって銀河系とは独立した天体（銀河）なのか、決着をつけることができる。つまり、神はたった一個だけの銀河系しか存在しない宇宙において、指揮者のように全体の調和を図る唯一の存在なのか、あるいは銀河系は宇宙に存在する多数の銀河の平凡な一つに過ぎず、神は無数の銀河のいずれかに存在して傍観しているのみなのか、宇宙を差配する神の有り様に関わる重大問題なのである。

一九二〇年四月二六日、ワシントンＤＣにあるスミソニアン研究所の一室でアメリカ科学アカデミーの年会が開かれ、そこで「銀河系のサイズと渦状銀河（アンドロメダ星雲）の性質について」と題する歴史的な論争が行なわれた。まさに、「コペルニクスとプトレマイオスの論争を彷彿させる」大論争（グレート・ディベート）となったのである。その登場人物は、銀河系こそ全宇宙の全てであるとするシャプレーと、銀河系は宇宙に一つだけではなく数多くある島宇宙の一つに過ぎないとするヒーバー・ダウスト・カーティス（一八七二年〜一九四二年）であった。

シャプレーは既に球状星団の分布の観測から太陽系は銀河系の中心にはないということを示す画期的な成果を挙げていた。彼は、ウィルソン山天文台の古参であるアドリアン・

ヴァン・マーネン（一八八四年〜一九四六年）の観測結果を切り札として持っていた。マーネンの観測結果とは、M33というアンドロメダ星雲のすぐ傍《そば》に見える渦状星雲やM101と呼ばれる星雲が五年間に一〇分の一秒角も回転していることであった。もし、M33が（すぐ傍のアンドロメダ星雲も）銀河系外に存在する遠方の島宇宙であれば、その回転速度は光速を超してしまうのでとても受け入れられない。M101も同様である。つまり、M33やM101などの「星雲」は比較的近くにある銀河系内天体であるとしか考えられず、神はこの銀河系内におわすという立場である。

他方、カーティスはアンドロメダ星雲に出現した新星が方々の渦状星雲で見つけられている非常に明るい超新星だとすると、その見かけの明るさから求めた距離は遠大なものとなり、銀河系外に存在しなければならないと結論した（この新星の解釈に関してシャプレーはふつうの暗い新星だと考え、距離はたいしたものではないとしていた）。マーネンの観測結果は何らかの間違いであろうとして退け、渦状星雲は銀河系外の銀河で、私たちの宇宙がこれまで考えられてきたより遥かに巨大で、一〇〇〇万光年あるいは一億光年もの距離に天体が存在すると主張したのである。神は広大な宇宙に数多くの島宇宙を創り、その各々に居場所を設けたのだろうという立場であった。

この論争は、アンドロメダ星雲に見出された新星の正体や渦状星雲の回転運動のデータがまだ多くは出揃《そろ》っておらず、不完全で不確かな観測事実を足場にしていたため、その場の決着はつかなかったのだ。しかし一九二四年になって、エドウィン・ハッブル（一八八九年～一九五三年）がウィルソン山天文台の一〇〇インチ望遠鏡を使ってアンドロメダ星雲内にセファイド型変光星を見つけ、シャプレーの周期・光度関係を当てはめて距離を決定するという偉業を成し遂げた。これによればアンドロメダ星雲までの距離は一〇〇万光年（現在では二三〇万光年とされている）もあり、銀河系の遥か外側にあることが明確になった（銀河系の大きさはせいぜい二〇万光年である）。さらに、その他の渦状星雲までの距離も測定して、全てが島宇宙説を支持していることを明らかにしたのである。こうして、宇宙には銀河系に似た大スケールの銀河が点々と分布しているという「銀河宇宙」像が定着した。神は無数の場所に存在しうることになったのだ。

シャプレーは、自らが発見した変光星の周期・光度関係によって反対していた島宇宙説を勝利させるという皮肉な巡り合わせになったが、学問的には誠実な人であった。論争に負けるや直ちに島宇宙論者となって系外銀河の距離測定を綿密に行ない、銀河宇宙の構造を論じるようになったからだ。晩年にはアリの研究に没頭する一方、ユネスコの設立に奔走するという多才な人であったようだ。彼が間違った最大の原因であるマーネンの銀河回転の観測結果は、系統誤差によるものであろうとされている（彼は非常に微妙な現象を観測するのでよく知られているが、今ではその精度については問題ありとのレッテルを貼られている）。

オルバースのパラドックス

こうして宇宙空間に銀河が点々と連なっているという描像が定着したが、そうなるとオルバースのパラドックスを真剣に考えなければならなくなる。オルバースのパラドックスとは、宇宙が無限に大きくて、そこに無限の数の星が輝いているなら夜空は明るく輝くはずなのになぜ夜空は暗いのか、というハインリッヒ・オルバース（一七五八年〜一八四〇年）が一八二三年に発表したパラドックスのことである。この疑問はずっと昔から提起されていたが、オルバースが正式に取り上げたために彼の名がつくことになった。彼は、宇宙空間にはガスのようなものが漂っており、それが星からの光を吸収するために夜空が明るくならないとしたのだが、実際のところガスは無限にエネルギーを吸収できず、いずれ再放出するからこのパラドックスの解にはならない。

星が銀河という塊に集中し、それが無限に宇宙に散らばっていれば、やはりオルバースのパラドックスが生じてしまう。夜空を見れば、その視線は必ず銀河を貫くことになり、その銀河の光によって明るく見えるはずなのである。神が無数になれば、どこを見ても神のお姿を拝むことになり、その後光で夜空は煌々《こうこう》と輝かねばならないのだ。しかし、夜空は暗いのが常識である。神は光に溢《あふ》れて夜空を明るくするはずなのに夜空は漆黒の闇でしかない、というこのパラドックスはどう解かれるのであろうか。

第一一章　神のお遊び――膨張する宇宙

宇宙は熱死するか?

熱力学第二法則という確立された物理学の法則がある。通常、「エントロピー増大の原理」と呼ばれており、「熱的に孤立した(あるいは閉じた)系においては、エントロピーは決して減少しない」ことを述べている。エントロピーとは物質の分子運動の乱雑さの程度のことだから、放っておけば系はより乱れた状態へ遷移《せんい》するもので、より秩序だった状態に進むことはあり得ないと断言しているのである。例えば、熱は温度の高い物質から低い物質に流れて二つの物質を同じ温度に近づけていくのが自然の向きであり、逆はあり得ない。また、異なった温度の二つのガスを混ぜると二つは同じ一つの温度のガスになってしまうが、一つの温度の系が二つの異なった温度のガス系に分かれることはない。これらの過程においてエネルギーは保存されるのだが、エントロピーは増大している。外部から手を加えない限りエントロピーが増大していく方向へ変化するのが自然界の摂理なのである。これを「不可逆過程」と言う。不可逆過程があるからこそ時間が進む方向が決まることになる。全てが可逆であれば、同じことの繰り返しとなって時間は前へ進まないからだ。

この法則は一八五〇年にルドルフ・クラウジウス（一八二二年～一八八八年）が提唱したもので、宇宙に存在するエネルギーは常に劣化していき、有用なエネルギーの総量は減少し続ける点に着目し、系の熱量と絶対温度の比をとると常に増加することを見出した。彼は後年にこの量を「エントロピー」と名付け、宇宙のエントロピーは常に増大し続け、それが最大になったとき利用可能なエネルギーは何ら残されておらず、宇宙全体が完全な無秩序状態に陥ることになるとしたのである。つまり、宇宙のエネルギーは使い物にならない摩擦熱や雑音のエネルギーに変わってしまい、その余熱によって宇宙の温度が上がっていくことになる。すると、星や銀河よりその周囲の温度の方が高くなり、星や銀河に熱が流入して全ての物質構造が崩れてしまうのである。宇宙がより多様に進化することがなくなるどころか、宇宙はただ崩壊していくのみとなるのだ。宇宙の時間の矢は宇宙崩壊の方向に向いているというわけだ。こうなると宇宙を指図する神ですら余熱によって蒸発してしまうか、狂い死にするというご託宣にならざるを得ないのである。

この宇宙崩壊の問題は、一九世紀後半から物理学者を悩ませ続けた。エントロピーの法則をそのまま受け取れば、宇宙は創成された段階において最高の状態にあり、それ以後はどんどん劣化していくだけの運命をたどり、やがて星も銀河も姿を消してノッペラボウになってしまうことになる。これが「宇宙の熱死」と呼ばれた問題である。折しも一九世紀末、神の死を宣言したニーチェなどの世紀末思想と結び付いて、宇宙論においても神の死は不可避であるとされたのである。むろん、宇宙が完全に無秩序な状態になるまでには何兆年もかかるのだから、まだまだずっと先のことなのだが、宇宙崩壊の不安を掻《か》き立てられることは間違いない。はてさて、宇宙を統括する神はそれほど頼りないものなのであろうか。

宇宙膨張の発見

宇宙が崩壊するかどうか、渦状《かじょう》銀河が島宇宙であるかどうか、などの論争が激しく戦わされていた一九一〇年代においても、天文学者たちの地道な星雲の観測研究が数多く行なわれていた。その一つにヴェスト・スライファー（一八七五年〜一九六九年）の仕事がある。彼は、渦状星雲のスペクトル写真（やってくる光を波長ごとに分けて撮る）から、そこに写っている輝線や吸収線を用いて物質の組成や運動を明らかにする研究を行なっていた。輝線や吸収線からどのような物質が星雲に存在するかがわかり、それらが地上で測定した波長に比べて長い（赤い）方にずれていれば視線方向の運動が遠ざかり、短い（青い）方にずれていれば近づく運動をしていると解釈できるのだ（ドップラー効果）。

その一つの意外な観測結果として、アンドロメダ星雲が秒速三〇〇キロメートルもの大きな速さで近付いていることが明らかになった（この観測結果はアンドロメダ星雲が銀河系内を高速で動き回る天体であるかもしれないというシャプレーの考えを増強した可能性がある）。しかしながら、数多くの渦状星雲のスペクトルを撮るうちに、ほとんどの星雲

アンドロメダ星雲　ⓒPPS通信社

の輝線が赤い方にずれていることから、私たちから遠ざかっていると結論せざるを得なくなった。実際、秒速で一八〇〇キロメートルもの高速度で遠ざかる星雲も発見され、これほどの速度でもって銀河系内で行き交うことは考えづらいとして島宇宙説が有利と考えられるようになっていた。

その中でカール・ヴィルツ（一八七六年～一九三九年）は、星雲の見かけの大きさと遠ざかる速さ（視線速度）との関係を調べ、一九二四年に「渦状星雲の視線速度は、明らかに距離とともに増大する」と発表している。見かけが大きい星雲は近くにあり、小さい星雲は遠くにあるとして距離に焼き直し、視線速度との関係を示唆したのである。しかし、見かけの大きさという定性的な関係であったので学会の受け入れるところとはならなかった。彼は大望遠鏡を使って渦状星雲までの距離を定量的に示す機会に恵まれなかったのだ。

これに対し、ウィルソン山天文台の大望遠鏡を駆使することができたのがハッブルで、(前章で述べたように)一九二四年にセファイド型変光星を用いてアンドロメダ星雲までの距離を決定し、これが銀河系外の大銀河であることを過不足なく示すことに成功した。さらに、数多くの渦状星雲(今後は銀河と呼ぼう)のスペクトルから距離決定を行ない、一九二九年に「系外銀河の距離と視線速度の関係」という論文を発表してセンセーションを巻き起こしたのであった。この論文では、「ほとんどの銀河はわれわれから遠ざかっており、その遠ざかる速さ(後退速度)は距離に比例する」という観測結果が提示されており、それはとりもなおさず宇宙が膨張していることを示していたからだ。これを「ハッブルの法則」と言う。

実は、それより一〇年以上前の一九一六年にアインシュタインが一般相対性理論を発表し、それを宇宙全体に適用した宇宙方程式を提案していた(一九一七年)。その方程式によれば、宇宙は収縮か膨張するかの運動をしなければならない。宇宙は永遠に不変であり、静的であると信じていたアインシュタインは、自らが提案した方程式に宇宙項を人為的に付け加え、宇宙が運動をしないように操作した。彼は静かな宇宙を統括している平和的な神を考えていたのである。事実、ロシアのアレキサンダー・フリードマン（一八八八年〜一九二五年）がアインシュタイン方程式を時間を含めて正確に解き、宇宙が距離に比例して膨張しているという解を理論的に示したとき（一九二二年）、アインシュタインはフリードマンが間違っているというクレームをつけたくらいである（後でアインシュタインが間違っていることが判明して、それを認める論文を書いている）。しかし、当時はまだ学会では宇宙の運動は机上の議論に過ぎず、それを真面目に検討する雰囲気ではなかった。ところが、ハッブルの観測結果が提示されて、宇宙が膨張していることが明白に示されることになった。これを聞いたアインシュタインは、宇宙の運動を無理矢理止めようとしたことを「生涯で最大の失敗」として、人為的に加えた宇宙項を引っ込めたのである。

こうして宇宙膨張は人々の受け入れるところとなったのだが、ハッブル自身は自分の観測結果の解釈に疑問を持っていたというのだから興味深い。彼は、自らの観測結果を宇宙膨張の直接証拠とは考えず、銀河が遠くにあれば光がやってくる道中が長いため、その間に光が疲れてエネルギーを失い、赤い方にずれるという説を採用していた。宇宙が膨張している事実そのものを（あまり重大でありすぎて）発見者自身が信用したくなかったのかもしれない。

ハッブルの逡巡《しゅんじゅん》はあったが、ほとんどの物理学者は宇宙膨張を直ちに受け入れ、その立場で研究を開始するや以前から持ち越されてきた難問を解くことに成功したのである。宇宙膨張の余得によって物理の苦境はいくつも救われることになったのだ。

宇宙の熱死が救われる

熱力学第二法則である「エントロピー増大の原理」を受け入れれば、宇宙は時間とともに劣化し、やがて崩壊してしまうことになる。星から放出された熱エネルギーが宇宙空間に蓄積されて宇宙の温度が上昇し、やがて星の表面の温度を上回ると外部から星に向かって熱が流入するようになって、星は蒸発していくことになるだろう。溜《た》まった廃熱によって宇宙は熱死してしまうと予想されていたのだ。宇宙が閉じた系である以上、その内部にエネルギー源がある限り劣化した熱エネルギーは宇宙空間に溜まっていき、やがて有用なエネルギーは枯渇して廃熱に埋もれてしまうのは避けがたい運命として考えざるを得なかった。そうなってしまうのはずっと先のことであるとはいえ、ジリ貧となる運命を許容している神とは何だろうと疑われていたのである。

宇宙が閉じていることは疑いない。もし他の系と接していたとしても、それをも含めて宇宙とみなせばよく、全体として孤立した系とすることができるためである。そうすると宇宙という系のエントロピーは増加することは確かである。星が熱を放出する限り、もはや利用できない廃熱が溜まっていくのも確実である。しかし、ここで系が膨張していることを考慮しよう。体積が大きくなっているのである。そうすると系全体のエントロピーは増加していくのだが、それを体積で割った単位体積当たりのエントロピーは減少していくとも考えられる。つまりエントロピー密度は下がるのである。体積が変化しない場合は、系のエントロピーの絶対値と単位体積当たりのエントロピーは区別せずに使ってもよいが、体積が時間変化をする場合には、二つは区別して使わなければならないことに注意しなければならないのだ。

要するに、エントロピー密度（単位体積当たりのエントロピー）は減少していくのだから、星の周囲の温度は下がっていき、廃熱が溜まって星に熱エネルギーが流入するなんてことは起こらないのだ。むしろ、星からエントロピーをいくらでも捨てることができるから、宇宙には新しい物質構造を創る余地ができるようになる。宇宙は熱死するどころか、膨張することによってより豊かになると言えるのである。神は廃熱で焼かれてしまうどころか、膨張によって廃熱が溜まらないように工夫していたのである。ハラハラさせておきながら、その実は安泰となる仕掛けをしている神はしたたかと言うべきだろう。

オルバースのパラドックスが解決できる

前章に書いたオルバースのパラドックスは、宇宙が無限で、星や銀河が無限個宇宙空間に散らばっているなら、夜空は明るくなるはずなのに実際の夜空はなぜ暗いのか、という疑問であった。星の明るさ（星からやってくる光のエネルギー）は距離の二乗で減少していく。ある点から出た光が三次元空間に拡《ひろ》がっていくと、光の先頭の部分の表面積は距離の二乗に比例して大きくなるから、明るさはそれに反比例するためである。一方、星の数はどこも満遍なく存在するとすればその体積に比例するから、距離の三乗に比例する。つまり、個々の星の明るさは距離の二乗で減少するが、星の数が距離の三乗で増加するから、星全体の明るさはその積に比例するので距離に比例することになる。よって無限の大きさなら無限の明るさになる。これがオルバースのパラドックスの計算である。

オルバースは、星からの光が地球に到達する前に途中の空間にあるガスに吸収されて暗くなるからパラドックスは生じないと考えたが、これは間違いである。途中の空間にあるガスが星からのエネルギーを吸収すると温度が上がり、やがてそのガスからエネルギーが放出されるため、結局やってくるエネルギーの量は変わらないからだ。

宇宙空間がハッブルの法則に従って膨張しているなら、以下のような説明でオルバースのパラドックスを解決することができる。宇宙膨張のために遠くの距離ほどより速い速度で遠ざかっているとするなら、より遠くの星からの光はドップラー効果のためにより赤い方(よりエネルギーの小さい方)にずれるから、それをいくら足し合わせても明るさが増えていくことにはならないのだ。先の計算で星の数は距離の三乗に比例して増加するから距離が大きいほど大きな寄与をすることになるはずだけれど、距離が大きいほどドップラー効果でエネルギーが小さくなる率も大きくなるので効かなくなってしまうのだ。

もっと端的に宇宙膨張がオルバースのパラドックスを救うことが証明できる。距離が遠くなれば遠ざかる速さは大きくなり、ある場所より向こうは光速を超えてしまうことになる。だから、もしそこに存在する星から光が放出されたとしても、空間点が光の速さ以上で遠ざかっているのだから、そこからの光は私たちに向かって進んでこなくなってしまう。つまり、宇宙の大きさが無限大であっても、宇宙膨張によって光がやってくることができる範囲に制限がつくため、有限の数の星の明るさしか寄与しない。そのため、夜空が明るくなるほどではないと解釈できるのだ。神は夜空を明るくして自らへの尊崇の念を高めさせるというような小手先の策を弄せず、宇宙膨張という壮大な仕掛けをしてその偉大さを示そうとしたのではないだろうか（もっとも、パラドックスを解く鍵がわかってみると、異なった解決の方法も見つかってくる。オルバースのパラドックスの最も単純と思われる解決策は、星は無限の時間輝くことができないということを使えばよい。星は無限個あったとしてもその寿命は有限だから、有限個の星しか輝いていないことになり、それらを足し合わせても夜空を明るくすることができないのである）。

宇宙年齢の困難

宇宙膨張の発見は難問を解決するのに大いに役立ったのだが、新たな困難を引き起こすことにもつながった。神は常に次々と難題を用意して人類の知恵を試しているのかもしれない。

ハッブルの法則は、後退速度＝H（比例定数）×距離と書くことができる。比例定数Hをハッブル定数と呼び、観測結果から求めている。これを先見的に決定する原理は存在せず、現実の宇宙の観測によって決めるより仕方がないのである。

この比例定数を使えば、宇宙の果てまでの距離の目安や宇宙の大体の年齢を推測することができる。宇宙の果てとは原理的に観測できる宇宙の端っこのことであり、そこの後退速度が光速となる場所と定めてよいだろう。それより遠方からの光は私たちには到達できないからだ。後退速度を光速のcとすると、宇宙の果てまでの距離R_Hは$R_H = c / H$となる。また、ここで得られた距離から私たちのところまで光速で進むのに必要とする時間として、$t_H = R_H / c = 1 / H$が求められる。これらをハッブル距離（R_H）、ハッブル時間（t_H）と呼び、宇宙の大きさや宇宙年齢の目安とすることができる。その当時に観測されたハッブル定数Hの値を代入すると、ハッブル時間は約二〇億年になり、宇宙のサイズは二〇億光年となった。こうして、宇宙の年齢と大きさに関する大まかな数値が初めて得られたのである。

ところが、それが直ちに地上実験と矛盾すると指摘されることになった。一九三〇年頃には放射性同位元素の測定から、地球に存在する最も古い岩石の年齢が約三〇億年であるという結果が既に得られていたのである。地球より宇宙の方が若いというパラドックスが生じてしまったのだ。神の仕掛けた罠《わな》なのだろうか。

第一二章　神の美的な姿――定常宇宙とビッグバン宇宙

宇宙卵《うちゅうらん》――ビッグバン宇宙の先駆け

アインシュタインが一般相対性理論から宇宙方程式を導出して宇宙の運動を論じたのは一九一七年のことだった。早くも同じ年に、オランダのド・ジッター（一八七二年～一九三四年）が物質の存在しない宇宙について、アインシュタイン方程式を解いて宇宙が膨張するという解を得ていた。真空の宇宙という玩具のモデルであったせいもあるが、そもそも宇宙が膨張するなんて当時の物理学者は誰も考えておらず、単なる机上の数学的試みとしてしか受け取られなかった。

続いて一九二二年から二四年にかけて、ロシアの気象学者フリードマンは質量を持つアインシュタイン方程式を解いて、宇宙が自然に膨張することを示した。フリードマンは宇宙の平均密度から宇宙の大まかな年齢を推測し、宇宙が一点から始まったという可能性についても論じていた。いわば後年にガモフが提案したビッグバン宇宙の原初的なモデルと言える。現在の標準的な宇宙模型をフリードマン・モデルと呼ぶのは、彼が物質の密度や圧力をも考慮して宇宙の運動を正しく解いたためなのだが、当時はまだ観測的証拠が得られておらず、やはり理論家の楽しみ程度にしか受け取られていなかったのである。

膨張宇宙の初期状態について興味ある試論を提出したのが、ベルギーの物理学者であり司祭でもあったジョルジュ・ルメートル（一八九四年〜一九六六年）であった。彼はアインシュタインが導入した宇宙項入りの方程式を厳密に解くとともに、宇宙を過去に遡《さかのぼ》っていけばどうなるかについて論じたのだ（一九二七年）。宇宙が膨張しているなら、時間軸を逆にすると過去に戻ることになり、やがて全てのものが一点に集中してしまうことになる。ルメートルは、その状態を「宇宙卵」と呼んだ。この宇宙卵が爆発的に膨張して宇宙が始まったとしたのである。それはフィンランドの『カレワラ』の世界誕生神話叙事詩にヒントを得たのかもしれない。もっとも宇宙卵がどこからやってきたか、その爆発が現在の宇宙とどうつながったのか、それらの疑問について説明を与えたわけではないが、神の忠実な僕《しもべ》であるルメートルは神話的宇宙開闢《かいびゃく》説を唱えたと言えよう。まだ宇宙膨張が観測的に発見されていない時期に、ビッグバン宇宙論をなぞるような説を唱えたのだから。神は自らを崇《あが》める司祭を通じて宇宙論の予言をしようとしたのであろうか。事実、二〇一八年の国際天文学連合総会で、ハッブル・ルメートルの法則と呼ぶことになったのである。

定常宇宙とビッグバン宇宙

一九二九年に発表されたハッブルの論文は、系外銀河のスペクトルの測定によって得た視線方向の速度と、独立して観測された距離との間に簡単な相関があるという結果の報告であった。距離の測定はセファイド型変光星の光度―周期関係によるもので、経験則として（精度は別として）確立していた。それに対し、スペクトルを測る研究は輝線が示す波長のずれを検出し、それをドップラー偏移と解釈すれば視線方向の速度に焼き直すことができる。その結果、ほとんどの銀河は私たちから遠ざかっており、その速度は距離に比例していることを示していた。この結果から導かれる最も素直な解釈は、宇宙が一様膨張している（縦横高さのいずれの方向にも同じ割合で宇宙空間が大きくなっている）とするものであった。

もっとも、スペクトル観測→ドップラー効果→視線方向の速度というステップを踏んでおり、ドップラー効果以外の解釈も検討しなければならない。実際、その一つとして「光の疲労説」をハッブル自身が採用している。光が遠くまで運動すれば（人間のように）疲れてエネルギーを失うという理論だが、通常の電磁気学では考えられず、実験的証拠もない。また、ドップラー効果以外に普遍的に適用できる法則はなく、宇宙が膨張していると認めざるを得ないのである。

宇宙の運動を論じる際には、大前提として「宇宙はどこでも同じ（一様）、どの方向も同じ（等方）」としている。宇宙空間における物質分布について、特別な場所も方向もない（どこから見ても同じに見える）とする当然の仮定で、これを「宇宙原理」と呼んでいる。さらに、「宇宙のどの時刻にあっても同じに見える」という仮定を加えたらどうだろうか、空間における一様性を求めるなら、時間についても同様であるべきではないか、そう考えたのがイギリスのフレッド・ホイル（一九一五年～二〇〇一年）たちであった。「大英帝国よ永遠なれ」の思惑があったのかどうか知らないが、宇宙の姿は永久不変であるべきだとしたのである。第二次世界大戦が終了して間もなくの頃であった。彼らはこの仮定を「完全宇宙原理」と呼んだ。宇宙はいつも同じ姿をしているとする定常宇宙論を打ち出したのだ。

「定常」宇宙論といえども、宇宙が膨張していることは受け入れざるを得ない。れっきとした観測事実であるからだ。すると宇宙が膨張するにつれ体積が大きくなるから、物質の存在量が変わらないと物質密度が減少していくことになってしまう。そこで、それを一定に保つためには物質をどこからか補給しなければならない。物質の保存則を破って、「無からの物質の創成」を仮定しなければ辻褄《つじつま》が合わないのである。といっても、一〇センチ四方の立方体の空間に五〇〇〇億年に一個だけ水素原子が生まれてくるだけでよい。私たちの測定にそれほどの精度があるわけではないから、微量の物質の創成があっても構わないではないか、それが定常宇宙論者の挑戦であった。また、ふつうのモデル（フリードマン宇宙）では宇宙膨張の速さは減速されていく（遅くなっていく）のだが、定常宇宙論にあっては速度は変化してはいけないから、減速されてはならないことになる。つまり、ハッブル定数は時間とともに減少せず、ずっと一定でなければならないのだ。

このようにして宇宙が定常であるような膨張宇宙モデルを創ることができるし、その枠を認める限りにおいては定常宇宙論を否定することはできない。神は年をとることなく永遠に同じ顔をしているという意味ですっきりしており、美的ですらあるとしてかなりの支持者を得たのは事実である。

一方、定常宇宙論が提案されたのと同じ頃、宇宙は有限の過去に大爆発によって姿を現し膨張を開始したとする、ビッグバン宇宙論を唱えたのがガモフであった。彼は宇宙初期の爆発やその後の物質の進化過程を詳しく追いかけ、元素がいかに合成されたか、銀河が形成される条件は何かなどを明らかにしたのである（一九四八年）。なかでも、宇宙初期は非常に高温・高密度状態であり、やがて宇宙膨張によって温度や密度が下がってきた過程を調べることによって、宇宙の初期において発せられた残光が現在は絶対温度で数度の熱放射として宇宙から一様に降り注いでいることを予言した。これを「宇宙背景放射」と言うが、見事一九六五年に発見されて、ビッグバン宇宙の直接証拠となったのである。

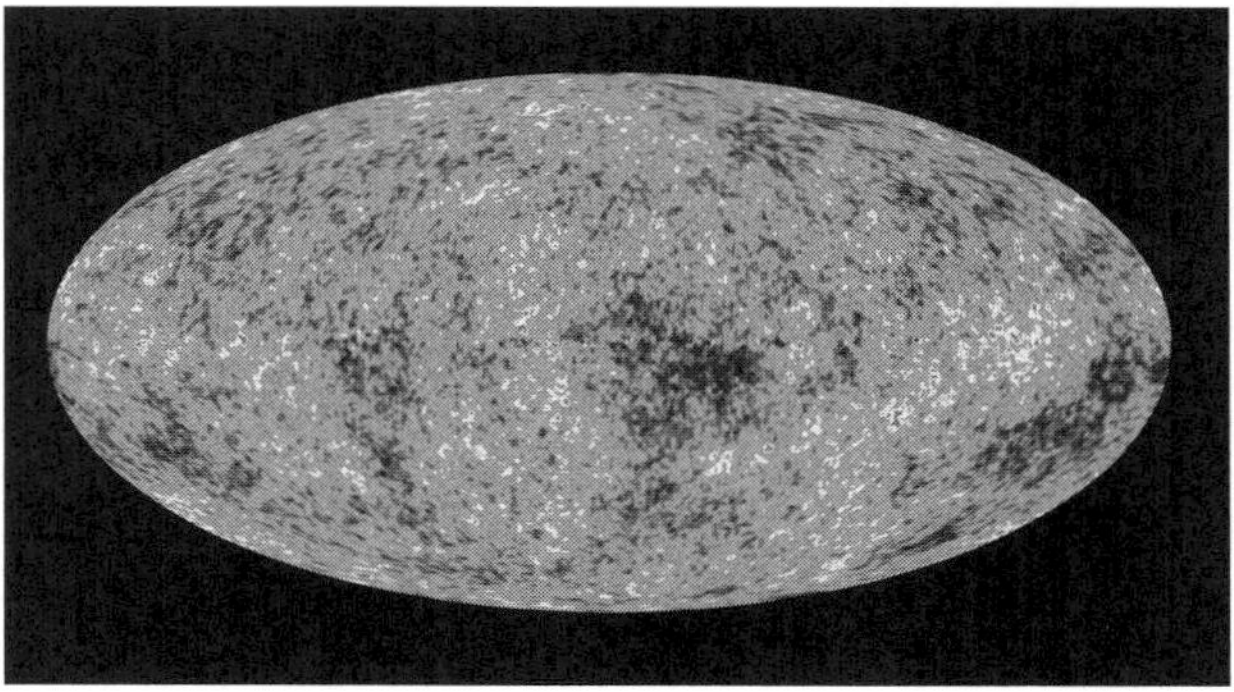
宇宙背景放射　ⓒSPL/PPS通信社

ビッグバンとは「大爆発」の意味で、ガモフが提案した宇宙創成モデルにふさわしいネーミングではあるが、その名付け親は定常宇宙論者のホイルであった。「大法螺《おおぼら》の理論」と揶揄《やゆ》して「ビッグバン」と呼んだのだが、ガモフ自身がこの呼び名を気に入って積極的に採用したものらしい。

神が定常宇宙論という形式美に優れた描像を選択せず、爆発的に荒々しく誕生して徐々に表情を緩めて現在につながっていくビッグバン宇宙論を選んだのは、神も人間的になった証なのだろうか。それとも、変身するのが神の身上であると示したかったのであろうか。少なくとも、我が世が永遠なれと尊大に構える神ではなく、時間とともに表情を変える神でありたかったと言えそうである。

宇宙年齢のパラドックス

定常宇宙論が打ち出された理由の一つに、宇宙年齢のパラドックスがあった。宇宙膨張から推定された当初の宇宙年齢（最初二〇億年とされた）が、放射性同位元素から求めた地球の岩石が示す年齢（三〇億年以上は確実であった）よりも若いという矛盾のことである。宇宙より地球の方が古いということはあり得ないからだ。もっとも、このような年齢（あるいは経過時間）に関わるパラドックスはしょっちゅうあって、当然ながら一方の時間を長く推算し過ぎていたか、他方の時間を短く見積もっていたかのいずれかが原因である。結果的に、知識の不足や願望による偏りなどというような、理由がわかってみるとパラドックスでも何でもなく、単なる時間の計り間違いであったことが判明したのだが。

例えば一九世紀の末期、物理学の大御所のケルヴィン卿（一八二四年～一九〇七年）が地球の年齢を計算した。熱球の塊として生まれ、以後はただ冷えてきたのみとして出した地球の年齢は一〇〇〇万年程度であった。他方、ダーウィンなど生物進化の立場からは地球は誕生して一億年以上経っていなければならない。自分の仕事に自信を持っていたケルヴィンは、地球が冷えるのにかかった時間を熱力学的に計算して進化論を否定したのである。しかし、それから二〇年も経たないうちに放射性同位元素が発見され、その崩壊熱が地球を温める熱源となることが判明し、一気に地球の年齢は三〇億年以上にまで延びたのである。

太陽の年齢についても同様なパラドックスが生じたことがある。原子核反応が知られる前、太陽のエネルギー源としてさまざまなものが提案された。石炭のような燃料が燃えている、ゆっくり収縮して重力エネルギーを供給する、内部に持っている熱エネルギーを放出して収縮している（これをケルヴィン収縮という）、などである。そして、そのいずれでも推定年齢は三〇〇〇万年より短く、やはり地質学が予言する時間に比べて圧倒的に短かった。この場合は、水素原子の核融合反応という新しい知識が明らかになるまでは「太陽のエネルギー問題」として人々の頭を悩ましたものである。

ちょっと脇道に逸《そ》れるが、かの近代科学の創始者であるニュートンは年代学の大家でもあった。ニュートンは、アッシリアからローマに及ぶ各文明の残っている記録と聖書の中の出来事とを結び付けて、歴史的事件の日付を特定することに熱中したらしい。そこで日付を同定するために彼が採用した方法は、記録されている食《しょく》や恒星・彗星《すいせい》・新星などの測定を駆使するもので、確かに科学的根拠がありそうに見える。しかし、歴史的正当性の疑わしい神話や伝説の年代を推定する試みや歴史的事件と聖書の記述を強引に結び付けるなどにより、結局のところは荒唐無稽《こうとうむけい》の年代記にならざるを得なかった。ニュートンは、英国国教会の大司教アッシャー（一五八一年〜一六五六年）が特定した世界創造の日を紀元前四〇〇四年とする説を強く支持していたのである。宇宙論においては無限に続く宇宙を主張していた（第八章参照）のとどう折り合いをつけたのであろうか。

膨張宇宙論における宇宙年齢のパラドックスは実は二度あった。最初は、先に述べたハッブル定数より求めた宇宙年齢が地球の年齢より短いという矛盾で、これはハッブル定数の見積もりが間違っていたことに原因があった。ハッブル定数は遠方の銀河までの距離と遠ざかる速さの間の比例定数のことである。速さはドップラー効果とすれば厳密に決定できるが、距離はさまざまな仮定の上で決めているので不定度が大きい。なかでもセファイド型変光星の光度―周期関係を用いているのだが、同じ変光周期であっても絶対光度が二倍異なる二種類の変光星が存在することがわかったのだ（一九五二年）。これまでは絶対光度が小さい星だとして見かけの明るさから距離を推定していたのだが、実際は絶対光度が二倍も明るいことになり、同じ見かけの明るさなら距離はもっと遠くになる。その結果、ハッブル定数の値は半分になり、宇宙年齢は二倍に延びることになった。これにより、地球より宇宙の方が若いというパラドックスは解消したのである。それ以外にも、銀河までの距離推定方法が改善され、現在ではハッブル定数から推定される宇宙年齢は一〇〇億年程度となっている。

ところが、この宇宙年齢は球状星団の年齢（ほぼ一二〇億年）より有意に短く、再び宇宙が銀河よりも若いというパラドックスに遭遇することになった。球状星団の年齢は、星の進化論によって星が生まれてから死ぬまでの時間としてかなり厳密に（一二〇億年プラス・マイナス一〇億年くらいの精度で）決定することができる。星の進化はさまざまな要素がからんできて複雑そうに見えるが、その理論も八〇年の歴史があって十分整備されている。しかし、それらを結び付けると、球状星団の年齢はハッブル定数が指し示す宇宙年齢より確かに長いのである。銀河までの距離と後退速度の比例定数から求めたハッブル定数は、ほぼ観測限界まで精度が得られており、これ以上変わることはなさそうである。

とすると、疑うべきなのは理論の枠組みである。実は、これまで述べてきたハッブル定数の定義は、宇宙項を取り入れていないフリードマン宇宙に足場を置いている。次章に述べるが、宇宙項は宇宙という大スケールの空間に斥力《せきりよく》として働くのだが、これまでのところその物理的根拠は明らかにされていない。できることなら根拠不明な項は入れずに済ませたいのが理論屋の良心である（都合がよいからといって根拠が明らかではない項を含めてしまうのは理論とは言えないからだ）。しかしながら、宇宙項を入れると（宇宙斥力なので）宇宙の膨張を引き伸ばす効果があり、宇宙年齢を長くすることが可能になる。そこで球状星団の年齢と宇宙年齢のパラドックスを解くには、宇宙項を取り入れざるを得ないというのが現在の認識となっている。現在最も信頼度の高い宇宙年齢は一三八億年である。実は、宇宙論において宇宙項を考慮すべきという要請はいくつもあり（宇宙年齢のパラドックスはその一つに過ぎない）、根拠不明の宇宙項を入れて矛盾を解決することへの躊躇《ためら》いは薄められているのも事実である。

神はさまざまな仕掛けをして容易に人が近づくのを妨げているかのようである。年齢のパラドックス、年齢詐称、禁断の項、しかしそれらはいずれも人間の側の知識不足や考え足らずが原因であり、神はただ悠然と待っていたに過ぎないのかもしれない。

ビッグバン宇宙の残光

ビッグバン宇宙を決定付けた「宇宙背景放射」について解説しておこう。これはガモフが予言していた宇宙から一様に注いでくる熱放射の残光で、通常「3K放射」と呼ばれる。絶対温度が約三度（3K）の熱的放射と同じ強度分布を示しており、宇宙が高温で始まったことを教えてくれる重要な証拠である。そして、この放射の詳細を研究することによって、宇宙で起こった出来事を細かく炙《あぶ》り出すことができるのである。

まず、この放射が全天にわたってほぼ一様な強さで降り注いでいる事実から、宇宙が一様・等方であったことが示される。宇宙原理が成立しているのである。ところが、本来は違った姿をしていてよい場所であっても宇宙全体をきれいに刷《は》いたがごとく、どこも同じ姿をしているのだ（この一様性は次章の問題となる）。また虫眼鏡で詳しく見ると、一〇万分の一の精度でゆらぎ（凸凹）が存在していることも確かめられている。深さ一〇メートルの池に〇・一ミリの高さの漣《さざなみ》が立っているようなもので、無視できるほど小さいが、十分意味がある程度には大きな振幅なのである。つまり、このゆらぎは将来銀河となる物質の凸凹が造り出したものであり、宇宙の構造形成を予兆させる決定的な証拠なのだ。このゆらぎの波長を細かく分析することにより、宇宙が平坦《へいたん》であることもわかってきた（この平坦性も次章の問題となる）。「真実は細部にあり」とばかり、宇宙背景放射の詳細を調べていけば宇宙初期に生じた物理過程についての情報が得られるのである。その他にも、宇宙初期の重力波の情報も得られると言われている。神は宇宙背景放射というスカートにさまざまな文様を描き込んでいて、私たちの知力を試そうとしているかのようである。ビッグバンの名残の光には宇宙の謎を解きほぐす数々のヒントが隠されていたのだ。

第一三章　神の跳躍——インフレーション宇宙

ビッグバンはなぜ起こったか？

ビッグバン宇宙論の流れに沿うと、「無」からの時間・空間・物質の創成に始まり、宇宙が膨張する中で物質の温度や密度が下がっていった。ビッグバン後三分頃に原子核（主にヘリウム）が形成され、三八万年頃に宇宙背景放射が残され、二億年頃に初代の銀河が生まれ、その後数多くの銀河が誕生して現在に至った、というストーリーとなっており観測的証拠も揃《そろ》っている。この五〇年くらいの間の宇宙論の主要な研究課題は、このような基本的にガモフが提案したストーリーをより確固なものとするため、個々の過程をより詳細に調べ、考え落としていた物理プロセスを付け加え、観測によってもたらされた新しい要素を整合的に組み入れることであった。ビッグバン宇宙論を定量的に確立することが目的であったと言えるだろう。それは全て物理の論理に従ってなされる事柄だから神の御業とは縁がなさそうだが、そうでもない。神はふだんは怠けているくせに、思い立ったように大仕事をしたり、楽しげに宇宙のシャボン玉遊びをしたりしているからだ。

その大仕事の第一は、ビッグバンによって宇宙をこの世に出現させたことだろう。何にもない「無」の状態から、約一三八億年昔の時点において、手品のように突然宇宙を捻《ひね》り出したからだ。では当然、「それ以前、神は何をしていたのか」という疑問が生じる。ずっと昼寝をしていたのだが夢うつつのうちに宇宙が生まれていたとか、そんな質問を考えるであろう人間のために地獄を創っていたとかと、いろいろ考えられもするがよくわからない。何しろ、ビッグバンで宇宙の時計が動き出したのだから、そもそも「ビッグバン以前」なんて考えられないのだ。「ビッグバン以前」が存在するためには共通する時間がずっと流れていなければならないのだが、「ビッグバン以後」しか時間がない。そうだとすると、そもそも神はどの時点で生まれたのだろうか?

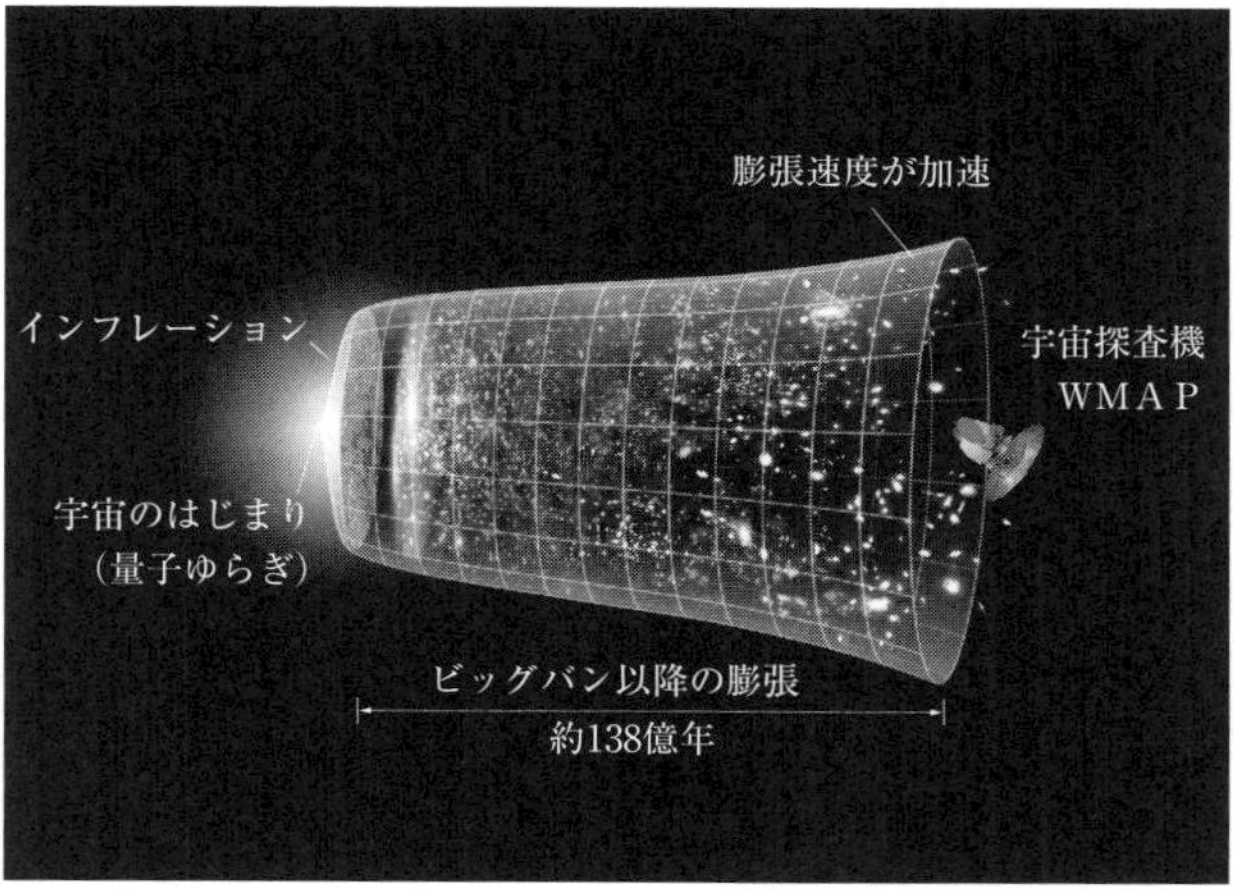

宇宙のはじまりから現在までのイメージ　ⓒSPL/PPS通信社

一般に宇宙の誕生は、「真空のゆらぎが自己組織化によって現実に転化した」というふうに語られる。「空即是色《くうそくぜしき》、色即是空《しきそくぜくう》」なのだ。何だか禅問答のようだが物理学の言葉に翻訳すると以下のようになる。

まず、時間も空間も物質もない「完全に空っぽ（無）の状態」を考えるのだが、「一切が『無』ということはあり得ない」のだ。さっそく矛盾していると言われそうだが、そうはならない仕掛けがあり得るのだ。

超ミクロであれば私たちは量子論を適用しなければならない。とすると、いかなる状態においても「量子ゆらぎ」が必然的に生じる。「量子ゆらぎ」とは物質と反物質のペアが生まれたり消えたりする量子論特有の状態のことである。そして、「完全に空っぽの状態」である「真空」であっても、ある有限の時間間隔に有限のサイズ（波長）の物質と反物質の波が（つまりエネルギーが）生まれ、そして消えるというプロセスが繰り返されているのである。これを「真空のゆらぎ」とも言う。真の「空」であっても物質と反物質という「色」を創り、そしてそれらは瞬時に消えて「空」に戻っているのだから、「空即是色、色即是空」と言えるだろう。一瞬の間に仮想的な時空が生成消滅していると考えてもよい。そして、そのような仮想的な時空が「何らかのきっかけ」によって現実化し、この世に姿を現したのがビッグバン（つまり宇宙の創成）と解釈するのだ。「何らかのきっかけ」と誤魔化した言い方をしているように、実際に何が起こったかについてはわかっていない。神の気まぐれがあったのかもしれない。物理学者は神に頼らないで解決しようとアレコレ考えてはいるが、まだ誰しもが納得する解決は得られていないのである。宇宙の誕生劇は、いつまでも神と人間が相克する修羅場なのだろう。

実は、ビッグバンは物理学においては特別な時期なのである。物質間に働く力は四つあり、そのうちの三つ（強い力、弱い力、電磁力）は量子論によって記述できるのだが、もう一つの重力を量子論で記述することに今のところ成功していない。それは、量子論が重要となるミクロの状態で重力を捉えきれていないことを意味する。ところが、宇宙の誕生時は当然超ミクロの状態だから重力も量子論的に記述をしなければならない。その意味で物理学の特別な時期になるのである。言い換えれば、重力の量子論的記述（これを「量子重力理論」と言う）が完成できれば、宇宙の誕生劇を人間の手で解くことができる可能性がある。もはや一切を神に頼らないで宇宙の起承転結が決定できると（人間は）不遜《ふそん》にも考えているのである。これについては、第一四章で議論したい。

宇宙のインフレ

一九八〇年まで、宇宙は誕生してからフリードマンの解の通りに膨張してきたと考えられてきた。しかし、もっと別の膨張様式も考えられるのではないかとの提案が、一九八〇年前後にアメリカのアラン・グースと日本の佐藤勝彦によって独立になされた。基本的にはガモフが描いたビッグバン宇宙論の枠組みを踏襲しつつも、ある非常に短い期間だけ宇宙が急速に膨張するという異なったストーリーがあり得ることを示したのである。これを「インフレーション宇宙」と呼ぶ。物価が急激に上昇する現象をいう経済用語からのアナロジーで、短時間の間に宇宙の半径が急激に拡大するという特徴を表している。グースが名付け親だ（アメリカ人はあらゆるものに愛称を付けるのが得意で、原爆には「ファットマン」や「リトルボーイ」、湾岸戦争は「砂漠の嵐」作戦、三・一一の東日本大震災に対するアメリカ軍の「トモダチ」作戦などと枚挙にいとまがない。巧妙な呼び名を付けて宣伝に活用するのだ）。

インフレーション宇宙の提起の発端は、物質の最低エネルギー状態が変化した場合、宇宙膨張がどのような影響を受けるかを考えたところにある。例えば、水は一気圧の下で、摂氏〇度以下では固体の氷、〇度から一〇〇度の間は液体の水、一〇〇度を超えると気体の水蒸気という状態変化（これを「相転移」とか「相変化」と言う）を起こす。水分子は水素原子が二個、酸素原子が一個結合したものだが、温度に応じて分子の配置が変わり、それによって最低エネルギー状態も異なっているのである。そのため、水が氷になるとエネルギーを放出し（これを「凝固熱」と言う）、逆に氷が水になるとエネルギーを吸収する（これを「融解熱」と言う）。一般に、この状態変化によってエネルギーの出入りが起こる場合を「一次相転移」と呼び、出入りするエネルギーは「潜熱」と呼ばれる。

水は一次相転移をする典型的な物質で、摂氏〇度以下に冷やされた場合は潜熱を放出して氷になるのがふつうなのだが、ごくゆっくりと温度が下がっていった場合には〇度以下になっても水のままということもある。これを「過冷却」と言う。過冷却となれば、その水は本来放出されるべきエネルギーを内部に抱え込んでいるので、氷へと相転移した場合に比べて高いエネルギー状態にあることになる。

ややこしい話を持ち込んだと思われるかもしれないが、宇宙がビッグバンの直後にこのような過冷却に似た状態になることがあり得たのである。もし、物質がこのような状態になったなら、宇宙の膨張則はどのように変化するのだろうか。それをグースと佐藤が調べたのであった。その結果、過冷却によって抱え込んだエネルギーがアインシュタインの導入した宇宙項の役割を果たし、宇宙が指数関数的な膨張をすることがわかったのだ。実は、そのような膨張法則は早くも一九一七年にド・ジッターが調べていた解であった。ド・ジッターは現実の応用可能性のことなんか考えず、数学的に簡明なケースとして調べていたのだが、ここに復活することになったのだ。指数関数的膨張とは時間について倍々ゲームで膨張することで、ほんの一瞬で一〇桁《けた》以上も宇宙が拡大する可能性がある。そして、その膨張が終わるのは、過冷却した物質が実際に相転移を起こして安定な状態に戻った時点なのである。このアイデアをビッグバン宇宙に適用すると、なんと三〇桁も宇宙半径が増大する時期が挟まれることがわかった。神は物質の相転移する時間を引き延ばすことによって大跳躍をし、一気に宇宙を広大なものにしたのである。さて、以上の説明で宇宙のインフレーションを納得していただけただろうか。

宇宙が指数関数的に膨張するという可能性の発見によって、実はそれまで宇宙論の難問と言われてきた事実の原因が解明できただけでなく、宇宙が無数に誕生し得ることが自然に説明できるようになった。ガリレオが天の川に多数の恒星を発見して宇宙を無数の星の世界へ拡《ひろ》げ、ハッブルが多数の銀河系外星雲を発見して宇宙を無数の銀河世界へ拡げ、そして今やこの宇宙が一つだけでなく、無数の宇宙が次々と連なる究極の世界像に到達したと言える。神は無数の星から成る銀河、無数の銀河から成る宇宙、そして無数の宇宙から成る超宇宙と、それぞれが入れ子となった階層構造を創り上げていたことになる。神はついに究極の奥の手を曝《さら》け出してしまったのだろうか。

宇宙の一様性と平坦《へいたん》性

前章の宇宙背景放射の説明の部分で、宇宙が一様であり平坦であることが観測によって明らかになったということを述べた。「当たり前」として聞き流しておけば何でもないことなのだが、考えようによっては大問題の言明なのである。私たちは社会にさまざまな不合理（貧富の差、学歴差別、正職員と非正規職員の差など）が世の中に溢《あふ》れていることについて、それは社会の成り行きに従って必然的に生じてきたものだから「当たり前」と捉えがちである。社会的不正義が累積した結果とか、一パーセントの富者による九九パーセントの貧者からの搾取構造などと言い始めたら大問題となるのと似ていないでもない。実は「当たり前」を疑うことから、科学において新しい概念や新発見が導かれることが多くあったのだ（社会においても同じく「当たり前」を疑うべきだろう）。

宇宙が一様とは、どこも同じ姿をしていることを意味する。もし、私たちと地球の反対側の人間が同じ服装をしていたら、と考えてみよう。その場合、何らかの方法で情報を交換したために同じ服装になったと思うのがふつうである。しかし、もし情報交換するための時間も方法もなかったとしたら、どう考えるべきなのだろうか。偶然に同じ服装をしたに過ぎないとするしかない。しかし、無数の服装の選び方があるというのに、そんな偶然があるだろうか。これと同様で、宇宙背景放射は天球上のあらゆる方向から同じ強さで注いでおり、（一〇万分の一というゆらぎを除けば）方向による区別がつかないほど一様である。例えば、宇宙のある方向とその一八〇度反対方向では、同じ強さになれという情報が伝わる時間がなかったにも拘《かかわ》らず、ほとんど完璧に同じ強さなのである。なぜだろうか？　インフレーション宇宙が提案されるまでは、なぜか知らないけれどそうなっていた、偶然だろう、そう考えるしかなかったのだ。

宇宙膨張にインフレーション時代が挟まるといかなる仕掛けが可能になるだろうか。現在、宇宙のある方向とその一八〇度反対の方向にある二地点はインフレーション的膨張によって遠く引き離されているため、そのままでは情報交換できる時間がない。しかし、インフレーションが起こる前にはごく傍《そば》にあって情報交換する時間はたっぷりあり、インフレーションによって一気に引き離されてしまったという仕掛けが考えられる。例えば、現在では地球の反対側にいて私たちとすぐに情報交換できないくらい遠く離れている人間が同じ服装をしているのは、インフレーション前はお隣同士で服装の話も簡単にできていたとし、インフレーションによって情報交換できないくらい遠く離れてしまったとするのだ。そして今互いを見比べて、同じ姿であることを確認して（不思議がって）いるのである。こう考えると、宇宙の一様性は偶然にそうなっているのではなく、必然として自然に説明できる。

宇宙の平坦性についても同様に論じることができる。宇宙空間が平坦（曲率ゼロ）でユークリッド幾何学が成立するのか、曲率がプラス（開いている空間）かマイナス（閉じている空間）かで非ユークリッド幾何学を適用しなければならないのかは、先見的に決められることではなく実際の観測によって決めなければならない。そして、実際に宇宙は平坦であることがわかってきた。では、「宇宙はなぜ平坦なの？」と問われても、かつてはそうなっているとしか言えなかった。

しかし、インフレーション宇宙を認めれば、宇宙は必然的に平坦になってしまうのである。というのは、空間が一気に何十桁も拡大したのだから曲がった空間であっても大きく引き伸ばされ、ほとんど完璧に平坦になってしまったと考えられるからだ。地球の表面は球面なのだが、私たちはほぼ平坦と感じており、実際に机の上では（誤差が無視できるくらい）ユークリッド幾何学が成立している。地球の半径が非常に大きいから、局所的には平坦とみなせるのだ。地球の半径がより巨大である場合を考えれば完全に平坦としていいだろう。これと同じことで、宇宙空間がいかなる有限曲率で生まれようと、インフレーションで巨大に引き伸ばされた後では平坦と考えて構わないのである。

以上のように、数ある状態の中で「一様性」と「平坦性」という実に簡明な状態が実現できているこの宇宙は美的に満足すべきものと言えるだろう。そして、それは神がそのように意図して前もってしつらえたわけではなく、宇宙のインフレーション的膨張によって自然にもたらされた結果なのである。とすると、宇宙への神の介入がなくて神秘性が薄れそうな気もするが、インフレーションを仕掛けたという意味で神は私たちの意表をついた大跳躍をやってのけたと言えるかもしれない。

さらに、インフレーションが起こった仕掛けの詳細を調べてみると、宇宙が無数に生まれる可能性が生じてくることがわかる。インフレーションの仕掛けとは、物質の相転移が起こるはずなのだけれど実際には相転移は起こらず、過冷却のような状態が生じて真空がエネルギーを抱え込んだため、そのエネルギーが斥力《せきりょく》として働く宇宙項の役割を果たし急膨張した結果であった。その状態をクローズアップしてみると、抱え込んだエネルギーの分布には当然凸凹がついていることだろう。いかなる状態においてもゆらぎ（凸凹）が付随するものであるからだ。

そうすると、凸の領域は周囲よりエネルギーが高く、そこではより大きな宇宙項に対応するから、周囲よりいっそう大きく急膨張する（より大きなインフレーションが起こる）ことが期待できる。他方、凹の領域は周囲よりエネルギーの抱え込みが小さいので膨張が小さくなる。つまり、抱え込んだエネルギーに分布があって、さまざまな凸凹が共存していれば膨張する速さもさまざまとなり、その各々が別々の宇宙へと発展していくのだから無数の宇宙が生まれることになると考えられる。さらに、エネルギーを多く抱え込んだ凸の領域も仔細《しさい》に見ればさらに細かなエネルギー分布がついており、エネルギーがより高い部分はいっそう早い時点で膨張を開始し、エネルギーがより低い部分は後れて膨張を開始するだろう。そのようにして、親宇宙、子ども宇宙、孫宇宙のように、時間系列として次々と宇宙が誕生していくことも考えられる。

つまり、ビッグバンによって生まれた宇宙が一つだけでも、その後のインフレーション過程で無数の宇宙が生まれてくる可能性があるのだ。そもそも、それが宇宙のどこにでも起こる物理過程であるのなら、宇宙がただ一つしかないとは考えづらいことになる。こうして宇宙が無数に生まれることになった。宇宙は極めてありふれた存在であり、私たちはたまたまその一つに生まれたに過ぎないのである。こうなると神は変幻自在で、どこか決まった宇宙にいる必要はなく、またいずれの宇宙にあってもいいのである。私たちが住む宇宙も無数にある宇宙の一つに過ぎず、取り立てて言うほどのものではなさそうである。しかし、私たちが住む宇宙は本当に何の変哲もない宇宙に過ぎないのだろうか？

（注）ビッグバンで宇宙が誕生し、その後インフレーションが生じたとするのが通常のシナリオであるが、最近ではインフレーションの終了時をビッグバンと呼ぶようになっている。というのは、宇宙はいったんビッグバンで誕生したのだが、インフレーションによる急膨張のために温度が冷えてしまい、その後相転移が終わってエネルギー（潜熱）が放出されてインフレー

ションが終わり、そのエネルギーで宇宙を超高温に再加熱して現在に至ったのだから、この再加熱の時点こそビッグバンと呼ぶにふさわしいとされつつあるからだ。

第一四章　神はどこに？——わけがわからないものの導入

人間原理の宇宙論

宇宙膨張の速さは観測によって決まるハッブル定数によって知ることができる。では、この速さそのもの（つまり、ハッブル定数の大きさそのもの）は何で決まっているのだろうか？　そんな理由など何もなく、実際の観測事実として受け入れるしかないのだろうか。それとも、速さを決める何らかの論理的な理由があるのだが、単にそれを知らないだけなのだろうか。私たちは、ふつう前者であると考えている。ある瞬間にロケットがある速さで飛んでいるとわかっても、なぜその速さであるかについては個々のロケットの飛び出したときの速さや性能によるから、一般論で議論できないのと同じ状況と考えるためだ。従って、私たちが住む宇宙の膨張の速さや密度や温度や年齢など、この宇宙を特徴付ける物理量は観測によって決めるしかないと思っている。言い換えると、私たちはこの宇宙に偶然生まれ、たまたまこんな宇宙に巡り合っただけということになる。

しかしそうではなく、私たちがこの宇宙に生きている必然性が何かあるのかもしれない。ちょっと考えてみればわかるのだが、宇宙の密度が非常に低い（ハッブル定数が小さいことに対応する）ために膨張がすごく速いと星や銀河などの構造を創る暇がなく、私たち人間も生まれないことになる。逆に、密度が非常に高い（ハッブル定数が大きい）と膨張がずいぶんゆっくりしているので、重力でどんどん物質が固まってブラックホールだらけになってしまい、やはり人間が生まれない宇宙になってしまうだろう。

つまり、この宇宙に人間が存在するということは、ハッブル定数の大きさで決まる宇宙膨張の速さが、星や銀河を創る程度にはゆっくりしており、ブラックホールだらけにならない程度には速いという、ある限られた条件を満たしている場合であるとわかる。無数に宇宙が創成されるとしても、その条件を満たす場合だけしか人間は生まれ得ないのだ。実際、人間が生まれないことには、たとえそのような宇宙が存在したとしても認識できず、あっても無きに等しいことになる。ならば、人間が生まれて進化するという条件を課すことによって、膨張の速さや密度・温度・年齢など宇宙を特徴付ける物理量を決めてはどうだろうか。

このように人間の存在を前提として宇宙の状態を決定しようというシナリオを「人間原理の宇宙論」と言う。私たちは、光速度、重力の強さ、電荷の大きさ、電子や陽子の質量、プランク定数（量子状態を特徴付ける定数）、空間の次元など、物理定数（あるいは基本定数）と呼ばれる物理量は、いつでも、どこでも同じ普遍的な値をとっているが、なぜその値であるかについては説明することができないでいる。ただ観測によって決定された値を使うしかないとされてきたのだ。

ところが、実際に調べてみると、この宇宙のさまざまな物理量の値が人間が生まれるのに非常に都合よい範囲に調節されていなければならないことがわかってきた。物理定数の値が少しだけ異なっている宇宙を仮定してみると、その宇宙には人間が存在しなくなってしまうのである。例えば、電子の質量や電荷の大きさを仮想的に少し大きくするだけで原子が安定でなくなりすぐに崩壊してしまう、重力や弱い力の強さを少し大きくするだけで星の寿命が短くなり惑星に生命が生まれる時間がなくなってしまう、空間の次元数が一次元や二次元の場合には重力が距離の二乗に反比例しなくなり、惑星系が形成できなくなってしまう、などを証明することができるのだ。その他いくらでも例を挙げることができる。

このことを考えるなら、物理定数の値は、この宇宙に人間が存在するという条件で決めてよさそうなのだ。人間の存在を条件として宇宙論を組み立てようというわけである。「人間原理」と呼ぶのはそこからきている。

とはいえ、私には、そのような条件こそ偶然であって、物理定数の値は人間ごときを参照して決まっているとは考えられず、もっと深遠な理由があるはずだと思っている。私たちは宇宙を認識しているとはいえ、まだ浅薄な段階であり、そんな人間を基準にして宇宙の秩序が定まっているとは思えないからだ。人間一元論になれば神が介入する余地がなくなってすっきりするが、果たしてそんなに性急に神を追放してよいのだろうか。

ところが、西洋では人間原理の宇宙論は流行していて、かの車椅子の物理学者として知られる天才ホーキングもそのファンであるらしい。その理由は二つあると思われる。一つの理由は、著名な科学者は年をとると往々にして「全てがわかった、もはや何もすることはない」と言いたくなるらしいことだ。神の助け一切なしで、「オレの目の黒いうちに宇宙の摂理全てを説明したい」と望むのだ（そうでないと安心立命《あんしんりつめい》して宇宙論と別離することができないからだろう）。もう一つの理由は、一神教の西洋において神と手を切りたいとしきりに望んできて、ようやく巡り合えたのが人間原理であると考えられる。二〇〇〇年以上の間、神との桎梏《しっこく》に悩まされ続けたのだが、今や宇宙は神の代わりに人間が中心になるとはなんと素晴らしいことではないか、そう考えたのではないだろうか。

人間原理をよく考えてみると、人間は理性的であり宇宙を隈《くま》なく理解することができる（崇高な）存在として位置付けているのだが、実際には地球に複雑な構造を持つ生物が出現したという事実として人間が使われているに過ぎないことがわかる。であるから、人間ではなくアメーバであってもバクテリアであっても構わないのだ（アメーバやバクテリアの宇宙認識が人間以下であると誰が証明できるだろうか）。よって私は「アメーバ原理」と呼ぶことにしている。そうすると高く崇《あが》める原理だと受け取りにくくなるに違いない。

人間原理と名付けることによって、いかにも深遠そうに見え、つい気を惹《ひ》かれてしまうからだ。神から縁を切るという人間原理は、神から見れば子ども騙《だま》しの言葉の綾《あや》にしか過ぎないのではないだろうか。

ダークマターとダークエネルギー

ガモフのビッグバン宇宙はインフレーションの洗礼を受けてもなお、正統的宇宙論の地位を保ち続けているのだが、まだまだ完成の域に達していないことがわかってきた。ダークマターとダークエネルギーという、「ダーク成分（わけがわからないもの）」を仮定しなければ整合的にならないからだ。その二つの成分が何であり、その存在にどのような物理的根拠があるのか、まだ皆目わかっていないにも拘《かかわ》らず、二つの未知の成分抜きにして宇宙論は成り立たないのである。

ダークマターは、その名の通り光を発することも吸収することもできないので暗黒（だからダーク）で、質量は持つので重力源として働く物質（だからマター）のことである。つまり、光によって捉えることはできないが、働いている重力の大きさを通じてどれくらいの量が存在するかは推定できる物質のことである（だから「不可視物質」とも言う）。

古くは一九三〇年代にその存在が指摘されていたのだが、本格的な議論になったのは一九七〇年代後半からである。直接的には、回転する銀河の質量分布を調べたら、星やガスなどの光を吸収・放出する物質（これを「バリオン」と呼ぶ）だけでは不足することがわかったのだ。銀河が回転していると遠心力が働くが、それによって銀河が飛び散ってしまわないためには重力で内側に引っ張っていなければならない。ところが星やガスからの重力だけでは足らず、ダークマターの存在を仮定しなければ銀河の安定性が保てないのである。計算によれば、ダークマターの量は星やガス（バリオン）量の約六倍にも達する。他の観測においてもダークマターの存在は示唆されていて、やはりバリオンの約六倍近くも必要らしい。それだけの不可視物質が暗闇に隠れていることが観測的に確立されているのである。

しかし、ダークマターが直接捕捉されたという直接証拠は未《いま》だ得られていない。また、そもそもどんな物質がダークマターであるのかもわかっていない。電荷を持たず（だから光と相互作用しない）、物質を構成する基本粒子でもない（陽子や中性子などバリオンと

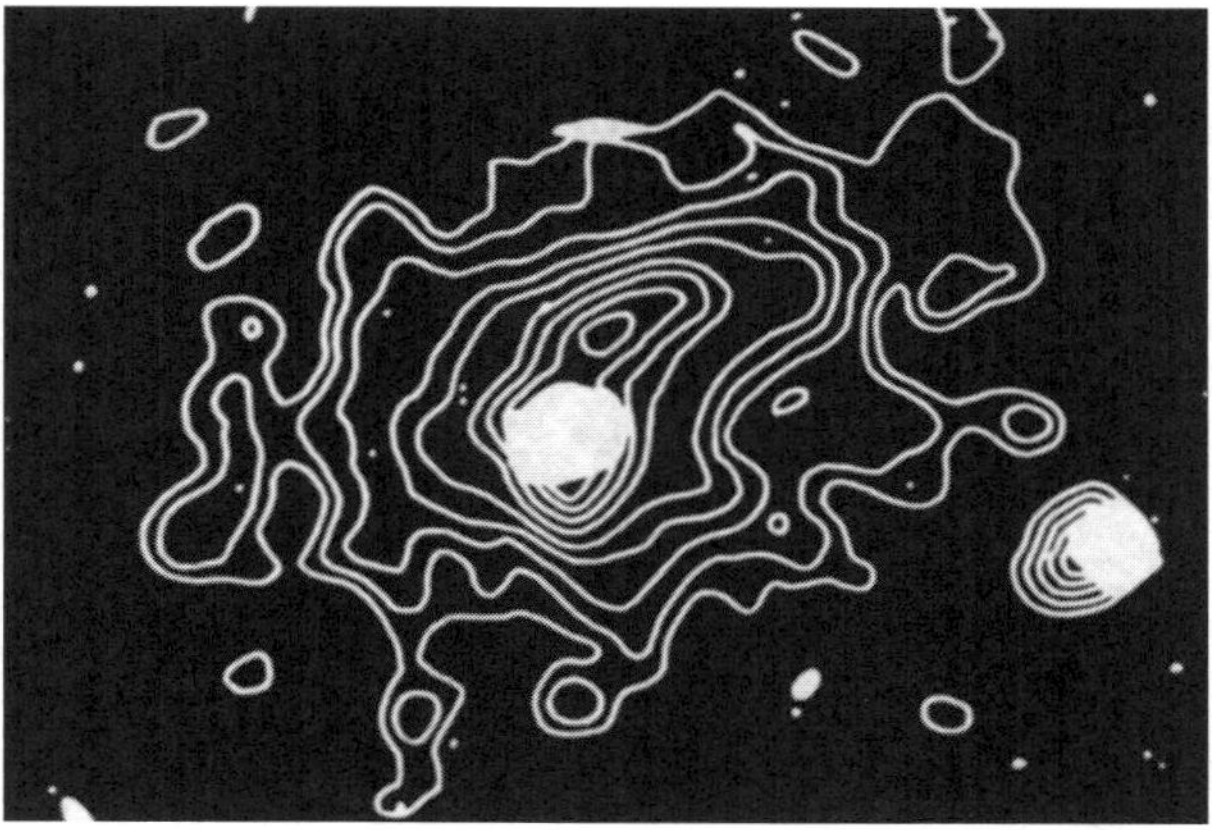

ダークマターの存在を示唆する楕円銀河のX線ハロー（Formanら、1985年　池内了『宇宙はどこまでわかっているか』NHKライブラリーより）

呼ばれる粒子でもないので通常の物質とも相互作用しない）。だからこそ粒子検出器には簡単に捕まらないのである。ふだんはお目にかからない変わったタイプの素粒子ではないかと考えられているが、この四〇年近くの捜索も空《むな》しく未発見のままである。ダークマターは喉に引っかかったトゲのように、自然界の物質構造がスンナリと飲み込めない原因となっているのだ。

もう一つのダークエネルギーは、一九九八年頃に本格的にその存在が指摘されて瞬く間に市民権を得た未知のエネルギー成分で、今やダークエネルギー抜きの宇宙論は考えられない状況にある。その発端は、非常に遠方に出現した爆発星（超新星）の明るさと距離の関係を調べると標準宇宙モデルよりずっと遠方でなければならないことが判明したことである。これを説明するためには斥力《せきりょく》として働く宇宙項を導入して、宇宙空間を大きく広げてやらねばならない。天体が重力（引力）によって近付こうとするのを上回る斥力によって、天体の位置を遠ざけるのである。この宇宙項を創り出すのがダークエネルギーというわけだ。つまり、ダークエネルギーの存在を仮定すれば宇宙項が必然的に生じ、それが宇宙の物質を互いに斥《しりぞ》け合う力として働くという仕掛けである。

超新星の明るさと距離の関係を説明することに成功するや、宇宙の年齢が球状星団の年齢より長いためには宇宙項が必要ということになった。さらに、宇宙背景放射のゆらぎの観測から宇宙が完全に平坦《へいたん》であることが明らかにされ、そのためには通常の星や銀河を創る物質（バリオン）とダークマターだけではエネルギー量としては大きく不足し、未知のエネルギーであるダークエネルギーを導入しなければならないことになってしまった。全エネルギーを一とすると、バリオンは〇・〇四、ダークマターはその六倍の〇・二四、残りの〇・七二をダークエネルギーが占めるという割合になる。ダークエネルギーは、なんとダークマターの約三倍も存在しそうなのである。

それだけのダークエネルギーを考慮して宇宙項の大きさを計算し宇宙の膨張法則を調べたところ、宇宙前半部の八〇億年までは重力が宇宙項による斥力を上回るために減速膨張（膨張速度が遅くなっていく）であったのが、後半部の八〇億年以降では宇宙斥力が重力を上回って加速膨張（膨張速度が速くなっていく）に転じたことが明らかになった。超新星の明るさと距離の関係は、実際に宇宙が加速膨張に転じていることの直接証拠なのである（この発見により、早くも二〇一一年にソウル・パールムッター、ブライアン・シュミット、アダム・リースの三名がノーベル物理学賞を受賞した）。こうして否応無くダークエネルギーの存在を認めなければならなくなったのだ。

そうだとすると、このまま宇宙が推移していけば宇宙の未来はいっそうダークエネルギーが支配するようになっていく。その結果、宇宙膨張はますます速くなり、遠方の銀河はどんどん速く遠ざかり、私たち人間は限りなく孤独になっていくと予想される。宇宙の行き着く先は寂しい未来しかないのである。これこそ神が私たちに突き付けた未来予測とならざるを得ないのだ。さて、人間原理の信奉者はどう考えるのだろうか。

もっとも、ダークエネルギーはダークマター以上に理論的にも実験的にも不確かな存在である。宇宙の非常に大きな領域で斥力として働くという一見奇妙な性質を持つだけでなく、それを予言する理論は考え出せても、その大きさが何十桁《けた》も異なってしまい全く不整合なのである。だから、今のところダークエネルギーの起源については全くお手上げ状態と言わざるを得ない。まさに「ダーク（わけがわからない）」なものなのである。

とはいえ、私たちはダークエネルギーという幻影に操られて誤認している可能性もある。現在のところダークエネルギーしか思い付けず、それを考慮すればいくつもの観測事実を説明できるのだから、根拠はないが頼っているというのが実情であるからだ。観測事実の説明だけなら全く異なった解決法があるのかもしれない。

神の隠れ場所

最近の素粒子理論や重力理論はアレコレ数学的に手が込んできて、能力不足の私にとって理解不能となりつつある。果たして、そんな難解な（?）理論が将来大々的に展開することになるのだろうかと嫌味も言いたくなる。最後に少しだけコメントを加えておくことにしたい。

素粒子の理論は、自然界の四つの力（強い力、弱い力、電磁力、重力）を統一する方向で進んでいる。端的に言えば、（第一三章で述べたように）重力を量子論の範疇《はんちゅう》に組み入れることが目的である。そのためには、素粒子を点粒子ではなく弦や膜のような広がりを持った粒子として扱うことが推奨されており、成功しつつあると言われている。しかし、この理論（「超弦理論」と呼ばれる）では空間の次元は三次元ではなく、一〇次元（あるいは一一次元）に拡張しなければならない。実際に大きく開いている次元は当然ながら三次元だから、残りの七次元（あるいは八次元）は小さく縮こまっているとされる。微小な素粒子にはその余分の次元が見えるから、多次元的な振る舞いをすることになる（マクロな私たちには三次元空間としか見えないのだが）。その結果から、素粒子間に働く四つの力を一つの原理から生み出す仕組みを作り出そうとしている（らしい）。まだ成功していないが、多次元世界で素粒子の振る舞いを考えることが一つの鍵となっているようだ。

一方、重力理論については、四次元空間の射影として私たちが経験している三次元の重力が生じているという研究も行なわれている。空間の次元数を増やすことで物理量が変化できる自由度が増し、それだけ理論が含みうる内容の豊かさも増えるようになる（らしい）。例えば、ダークエネルギーが四次元空間の重力場の性質として自然に導出されるというような功徳《くどく》を期待しているのだ。といっても、現時点では空間を四次元に増やしたことによってもまだ新しい物理現象が予言されているわけでもないようなので、今のところ複雑化の試みに過ぎないと言える。

ここで私が深く理解してもいない理論を紹介したのは他でもない、神の居所がどこにあるかを引き続き考えていきたいからだ。宇宙論の歴史からわかるように、私たちは太陽系から星の宇宙へ、さらに銀河宇宙から無数の宇宙が存在する世界へと、時代とともにより大きな階層構造をなす宇宙へと神を求めて彷徨《さまよ》ってきた。そして今や、宇宙空間に展開する多数の次元の中に神は隠れているという可能性へと追いつめてきた。とはいえ、さらに神はいくつもの隠れ場所を持っていて、人類がそこに到達するのを傍観しているのかもしれない。

本書は、

ほとけは常にいませども　うつつならぬぞあはれなる

という『梁塵秘抄《りょうじんひしょう》』の歌謡から始めたのだが、まさに私たちは目には直接見えないものに支配されている。それが「ダーク成分」であれ、小さく縮こまった次元であれ、それを明らかにしなければ「ほとけのみか（顔）」を拝めないのだろう。その意味では宇宙における神の居場所探しは永遠に続くことになる。もっとも、これまで提示してきた多様な宇宙は神が仕掛けた擬似餌に過ぎず、私たちはそうとは知らずに釣餌を追いかけている魚と同じであるのかもしれない。

おわりに

前著『物理学と神』のお世話をしてくださった集英社新書編集部の鯉沼広行氏から、数年前に「今度は宇宙論に絡む神の話を書いてはどうでしょうか」という提案を受けた。前著がロングセラーになっていることに気をよくしていた私は気軽に引き受けたのだが、ハタと困ってしまった。宇宙論の歴史に関する本はたくさん出版されているのでこれ以上付け加えることはあまりなさそうだし、天文学者は物理学者に比べるとまじめだから神にまつわるエピソードに欠けることを知っており、本当におもしろいものが書けるかどうか自信がなかったからだ。

しかし考えてみれば、人々が「認識する宇宙」の大きさは、最初は数キロメートルの村の大きさであったのが、目で見える太陽・月・惑星の太陽系へ広がり、望遠鏡を使って太陽系を含む天の川銀河へと拡大し、巨大望遠鏡による銀河が分布する島宇宙へ到達し、フィルムに映し出される多数の銀河が次々と連なる銀河宇宙に及び、今や観測可能な一三八億光年彼方の宇宙の地平線と気が遠くなるような距離にまで広がってきた。さらに概念的には、ただ一つのこの宇宙だけではなく無限個の宇宙が連なり、多種多様な次元や形態の宇宙の存在も想像されるようになっている。宇宙は多重の入れ子になっており、さまざまな時空構造が階層を成していることが明らかにされてきたのである。

天文学者たちは階層を越えて新しい宇宙を発見したとき胸躍る思いで探索を続けたことだろう。そして、神の居場所はどこであるかを探し求めたことであろう。大宇宙を前にすると天文学者は厳粛な気持ちになり、ひたすら観測を続けてその相貌《そうぼう》の詳細を明らかにしようとしてきたのであった。そのような作業が完成に近づくや、また新たな階層の天体を発見し、これまで想像もしなかった巨大で新しい構造が潜んでいることを見つけてきた。そのような積み重ねによって多重になった宇宙の構造が炙《あぶ》り出され、それに適合する宇宙論が紡ぎ出されてきたのである。人類はこのようにして、あたかも神を追い求め続けるかのように広大な宇宙に挑戦し続けてきたのだ。

そんなことをツラツラ考えているうちに、宇宙論の歴史を神への肉薄の歴史としてまとめられないかと思うようになった。人類の宇宙史は、これまで慣れ親しんできた宇宙は新たに発見された広大な宇宙の一部に過ぎないことを認識させられる歴史とみなすことができ、その繰り返しのなかでより多様でより豊かな宇宙像を創り上げてきた。そのような視点を持って書けば何とかものになるかもしれない、そう思うようになったのだ。

そこでようやく執筆することになったのだが、二〇一二年九月に脳梗塞《のうこうそく》が発見され一気に書き上げる体力・気力への自信がなくなってしまった。そこで、集英社の読書情報誌「青春と読書」に毎月掲載することにした。一年を通して連載すれば本になる分量が溜《た》まるだろうし、区切って書く方が自分としてもメリハリがついてよい、そう考えたのだ。私自身は締切日に追われるのは厭《いや》なので前もって原稿を書いておき、各月の終わりに再度見直して送稿するという手順をとった。つまり余裕を持って書くことにより、幅広い視点で書けているか、考え落としはないかをチェックしながら進めたのだ。その分バラエティに富んだ内容になったと自負しているのだが、(脳梗塞の後遺症のせいか)数ヶ月前に書いたことを忘れてしまってダブって書いてしまう危険性もあった。それを整理してまとめたのが本書である。

読み返してみて、物理学者と違って天文学者は自然の摂理に対して謙虚であったのだなと、今更ながら思ったことであった。天文学者は、天が提示する宇宙の姿をひたすら捉え、同種のサンプルを増やして分類し天体の階層を確定する、そんな観察・記載・分類という博物学的な営みをしているためであろうか。悠久の時間をかけて形成され進化してきた天の創造物への敬意とも言うべきものが、天文学者の仕事に感じられるのだ。だから、神の存在を疑ったり、否定したり、無視したりすることはないのである。それが科学の原点であったことを忘れてはならないと思う。とはいえ、神への挑戦があればこそ科学が豊かになり、多様な発展をしてきたことも否定できない。現代の天文学が博物学的な装いから脱却し、静けさを好む神に反逆するがごとく躍動的な宇宙の記述がむしろ当たり前になりつつあることを歓迎したい。ダークマターやダークエネルギー、多次元宇宙や無限個の宇宙など、物理学的な宇宙像へ転換しつつあることを物語っている。そのような変化がちゃんと書けているかどうかについては読者の判断を待ちたい。

最後に、私の若い頃と比較して宇宙論が大きく様変わりをして、現代天文学の一大トピックスになっていることを付け加えておきたい。私が大学院生の頃は、宇宙論の研究は「功成り名を遂げた学者」が趣味で行なうものであった。観測事実が少なく、一般相対性理論をいじくって数学的な宇宙を議論するのが通常であったからだ。しかし、一九六五年にビッグバン宇宙の直接証拠である宇宙背景放射が発見されたのが端緒になって、観測を主体にした宇宙論研究が盛んになってきた。一九七〇年代頃には口径が三〜四メートルクラスの望遠鏡が稼働し、人工衛星で大気外からの観測が可能となり、フィルムより一〇〇倍効率の高いＣＣＤが開発され、私たちが知りうる宇宙が拡大していったのだ。こうして「観測的宇宙論」という分野が開けたのだが、当時の日本ではこの分野の研究者はまだ五人もいなかった。宇宙論の「揺籃《ようらん》期」と言えよう。私が泡宇宙を論じたのは一九八〇年頃で、宇宙の地図作りが始まり、一〇億光年までの銀河分布が得られるようになり、私のような「功成らず名を遂げざる」人間も宇宙論の分野に踏み込めるようになったのだ。

以来、銀河サーベイの研究が続々行なわれるようになり、遠くまでの宇宙の姿が炙り出されるようになった。やがて、すばる望遠鏡のような口径が八〜一〇メートルクラスの大望遠鏡が建設されて宇宙の果てに近い一三〇億光年先まで見通せるようになり、ミリ波領域の宇宙背景放射の詳細な観測が行なわれ、ハッブル宇宙望遠鏡が紫外部の宇宙像を映し出しというふうに、宇宙の情報は溢《あふ》れんばかりとなった。宇宙論の「指数関数的拡大期」である。そして、二〇〇三年には年齢が一三八億年、空間の曲率が平坦で、ダークエネルギー七二%・ダークマター二四%・バリオン四%の宇宙モデルが確立することになった。宇宙論は「円熟期」に入ったと言えよう。このように宇宙論はこの三〇年~四〇年の間に急成長を遂げ、日本における宇宙論の研究者も数百人を数えるようになっている。

それはそれで結構なことなのだが、大衆化した分だけ分野の神秘性が薄れ、あたかも一足飛びに現在の宇宙像に到達したかのような風潮が強くなっている。そこで宇宙論と神との関わりを論じつつ、人類の思索と観察の積み重ねによって徐々に現代の宇宙像へ近接してきたことを書き留めておきたいと思った。まさに二〇〇〇年の天文学の歴史の上に現代の宇宙論が展開されるようになったことをしっかり記憶しておくためである。私はこれまで宇宙論に関する本をいくつか書いてきたが(『観測的宇宙論』(東京大学出版会)、『娘と話す 宇宙ってなに?』(現代企画室)、『観測的宇宙論への招待—宇宙はいかに解明されてきたか』（日経BP社）、『親子で読もう　宇宙の歴史』（岩波書店）」、おそらく本書が最後になるのではないかと考えている。それだけに、私自身愛着がこもった一冊になったと自認している。

本書を書くのを勧めてくれた集英社の鯉沼広行さん、および図案整理をしてくださった細川綾子さんに感謝します。

二〇一三年一二月

池内　了

参考文献

『新潮日本古典集成　梁塵秘抄』榎克朗校注、新潮社、一九七九年
『聖書　新共同訳―旧約聖書続編つき』共同訳聖書実行委員会訳、日本聖書協会、一九九四年
『宇宙観5000年史　人類は宇宙をどうみてきたか』中村士、岡村定矩著、東京大学出版会、二〇一一年
『アンティキテラ　古代ギリシアのコンピュータ』J・マーチャント著、木村博江訳、文藝春秋、二〇〇九年
『易経　下』高田真治、後藤基巳訳、岩波文庫、一九六九年
『世界神話事典』大林太良、伊藤清司、吉田敦彦、松村一男編、角川書店、一九九四年
『科学史へのいざない　科学革命期の原典を読む』大野誠編著、南窓社、一九九二年
『ケプラー疑惑　ティコ・ブラーエの死の謎と盗まれた観測記録』J・ギルダー、A-L・ギルダー著、山越幸江訳、地人書館、二〇〇六年
『世界史リブレット　ルネサンス文化と科学』澤井繁男著、山川出版社、一九九六年
『日本の天文学　西洋認識の尖兵』中山茂著、岩波新書、一九七二年
『無限、宇宙および諸世界について』ジョルダーノ・ブルーノ著、清水純一訳、岩波文庫、一九八二年
『錬金術とストラディヴァリ　歴史のなかの科学と音楽装置』T・レヴェンソン著、中島伸子訳、白揚社、二〇〇四年

『アラビア科学の話』矢島祐利著、岩波新書、一九六五年
『宇宙とその起源　銀河からビッグバンへ』R・キッペンハーン著、祖父江義明訳、朝倉書店、一九九一年
『宇宙論の誕生劇』B・ラヴェル著、鏑木修訳、新曜社、一九八五年
『閉じた世界から無限宇宙へ』A・コイレ著、横山雅彦訳、みすず書房、一九七三年
『アイザック・アシモフの科学と発見の年表』I・アシモフ著、小山慶太、輪湖博訳、丸善、一九九二年
『身近な物理学の歴史』渡辺愈著、東洋書店、一九九三年

池内 了（いけうち さとる）

一九四四年兵庫県生まれ。京都大学理学部物理学科卒業。同大学院理学研究科物理学専攻博士課程修了。総合研究大学院大学教授。『科学の考え方・学び方』で講談社出版文化賞科学出版賞（現・講談社科学出版賞）受賞。『物理学と神』、『宇宙論のすべて 増補新版』、『観測的宇宙論への招待 宇宙はいかに解明されてきたか』、『科学の限界』、『現代科学の歩きかた』など著者多数。

宇《う》宙《ちゅう》論《ろん》と神《かみ》

集英社新書〇七二四G

二〇一四年二月一九日 第一刷発行
二〇二〇年一二月一四日 第二刷発行

著者……池内《いけうち》 了《さとる》
発行者……樋口尚也
発行所……株式会社集英社
東京都千代田区一ツ橋二-五-一〇 郵便番号一〇一-八〇五〇
電話 〇三-三二三〇-六三九一（編集部）
〇三-三二三〇-六〇八〇（読者係）
〇三-三二三〇-六三九三（販売部）書店専用

装幀……原 研哉
印刷所……大日本印刷株式会社 凸版印刷株式会社
製本所……加藤製本株式会社

定価はカバーに表示してあります。

ISBN 978-4-08-720724-8 C0242

Printed in Japan

a pilot of wisdom

a pilot of wisdom

心の力　姜尚中
一神教と国家　イスラーム、キリスト教、ユダヤ教　内田樹　中田考
伝える極意　長井鞠子
それでも僕は前を向く　大橋巨泉
体を使って心をおさめる　修験道入門　田中利典
百歳の力　篠田桃紅
ブッダをたずねて　仏教二五〇〇年の歴史　立川武蔵
イスラーム　生と死と聖戦　中田考
「おっぱい」は好きなだけ吸うがいい　加島祥造
アウトサイダーの幸福論　ロバート・ハリス
科学の危機　金森修
出家的人生のすすめ　佐々木閑
科学者は戦争で何をしたか　益川敏英
悪の力　姜尚中
生存教室　ディストピアを生き抜くために　内田樹　光岡英稔
ルバイヤートの謎　ペルシア詩が誘う考古の世界　金子民雄
感情で釣られる人々　なぜ理性は負け続けるのか　堀内進之介

永六輔の伝言　僕が愛した「芸と反骨」　矢崎泰久・編
淡々と生きる　100歳プロゴルファーの人生哲学　内田棟
若者よ、猛省しなさい　下重暁子
イスラーム入門　文明の共存を考えるための99の扉　中田考
ダメなときほど「言葉」を磨こう　萩本欽一
ゾーンの入り方　室伏広治
人工知能時代を〈善く生きる〉技術　堀内進之介
究極の選択　桜井章一
母の教え　10年後の『悩む力』　姜尚中
一神教と戦争　橋爪大三郎　中田考
善く死ぬための身体論　内田樹　成瀬雅春
世界が変わる「視点」の見つけ方　佐藤可士和
いま、なぜ魯迅か　佐高信
人生にとって挫折とは何か　下重暁子
全体主義の克服　マルクス・ガブリエル　中島隆博
悲しみとともにどう生きるか　柳田邦男　若松英輔ほか
原子力の哲学　戸谷洋志

集英社新書　好評既刊

文芸・芸術――F

ピカソ　瀬木慎一
超ブルーノート入門 完結編　中山康樹
日本の古代語を探る　西郷信綱
必笑小咄《こばなし》のテクニック　米原万里
小説家が読むドストエフスキー　加賀乙彦
喜劇の手法 笑いのしくみを探る　喜志哲雄
米原万里の「愛の法則」　米原万里
官能小説の奥義　永田守弘
日本人のことば　粟津則雄
現代アート、超入門！　藤田令伊
俺のロック・ステディ　花村萬月
マイルス・デイヴィス 青の時代　中山康樹
現代アートを買おう！　宮津大輔
小説家という職業　森 博嗣
美術館をめぐる対話　西沢立衛
音楽で人は輝く　樋口裕一
オーケストラ大国アメリカ　山田真一
証言 日中映画人交流　劉 文兵
荒木飛呂彦の奇妙なホラー映画論　荒木飛呂彦
耳を澄ませば世界は広がる　川畠成道
あなたは誰？ 私はここにいる　姜 尚中
素晴らしき哉、フランク・キャプラ　井上篤夫
フェルメール 静けさの謎を解く　藤田令伊
司馬遼太郎の幻想ロマン　磯貝勝太郎
GANTZなSF映画論　奥 浩哉
池波正太郎「自前」の思想　佐高 信／田中優子
世界文学を継ぐ者たち　早川敦子
あの日からの建築　伊東豊雄
至高の日本ジャズ全史　相倉久人
ギュンター・グラス「渦中」の文学者　依岡隆児
キュレーション 知と感性を揺さぶる力　長谷川祐子
荒木飛呂彦の超偏愛！映画の掟　荒木飛呂彦
水玉の履歴書　草間彌生

集英社新書　好評既刊

科学──G

博物学の巨人 アンリ・ファーブル　奥本大三郎
物理学の世紀　佐藤文隆
臨機応答・変問自在　森　博嗣
生き物をめぐる4つの「なぜ」　長谷川眞理子
物理学と神　池内　了
ゲノムが語る生命　中村桂子
いのちを守るドングリの森　宮脇　昭
安全と安心の科学　村上陽一郎
松井教授の東大駒場講義録　松井孝典
時間はどこで生まれるのか　橋元淳一郎
スーパーコンピューターを20万円で創る　伊藤智義
非線形科学　蔵本由紀
欲望する脳　茂木健一郎
大人の時間はなぜ短いのか　一川　誠
化粧する脳　茂木健一郎
電線一本で世界を救う　山下　博
量子論で宇宙がわかる　マーカス・チャウン
我関わる、ゆえに我あり　松井孝典
挑戦する脳　茂木健一郎
錯覚学──知覚の謎を解く　一川　誠
宇宙は無数にあるのか　佐藤勝彦
ニュートリノでわかる宇宙・素粒子の謎　鈴木厚人
宇宙論と神　池内　了
非線形科学 同期する世界　蔵本由紀
宇宙を創る実験　村山斉・編
地震は必ず予測できる！　村井俊治
宇宙背景放射「ビッグバン以前」の痕跡を探る　羽澄昌史
チョコレートはなぜ美味しいのか　上野　聡
AIが人間を殺す日　小林雅一
したがるオスと嫌がるメスの生物学　宮竹貴久
地震予測は進化する！　村井俊治
プログラミング思考のレッスン　野村亮太
ゲノム革命がはじまる　小林雅一

a pilot of wisdom

ヴィジュアル版――V

- 直筆で読む「坊っちゃん」　夏目漱石
- 奇想の江戸挿絵　辻　惟雄
- 神と仏の道を歩く　神仏霊場会編
- 百鬼夜行絵巻の謎　小松和彦
- 世界遺産　神々の眠る「熊野」を歩く　植島啓司　写真・鈴木理策
- 藤田嗣治　手しごとの家　林　洋子
- 澁澤龍彦　ドラコニア・ワールド　澁澤龍子・編　沢渡朔・写真
- フランス革命の肖像　佐藤賢一
- 完全版　広重の富士　赤坂治績
- ONE PIECE STRONG WORDS［上巻］　尾田栄一郎　解説・内田　樹
- ONE PIECE STRONG WORDS［下巻］　尾田栄一郎　解説・内田　樹
- 天才アラーキー　写真ノ愛・情　荒木経惟
- 藤田嗣治　本のしごと　林　洋子
- ジョジョの奇妙な名言集Part1～3　荒木飛呂彦　解説・中条省平
- ジョジョの奇妙な名言集Part4～8　荒木飛呂彦
- ロスト・モダン・トウキョウ　生田　誠
- NARUTO名言集　絆―KIZUNA―天ノ巻　岸本斉史　解説・伊藤　剛
- NARUTO名言集　絆―KIZUNA―地ノ巻　岸本斉史　解説・F.トゥルモンド
- グラビア美少女の時代　細野晋司ほか
- ウィーン楽友協会　二〇〇年の輝き　オットー・ビーバ　イングリード・フックス
- ONE PIECE STRONG WORDS 2　尾田栄一郎　解説・内田　樹
- 伊勢神宮　式年遷宮と祈り　石川　梵　監修・河合真如
- るろうに剣心―明治剣客浪漫譚―語録　和月伸宏　解説・甲野善紀
- 美女の一瞬　金子達仁　写真・小林紀晴
- ニッポン景観論　アレックス・カー
- 放浪の聖画家ピロスマニ　はらだたけひで
- 吾輩は猫画家である　ルイス・ウェイン伝　南條竹則
- 伊勢神宮とは何か　植島啓司
- 野生動物カメラマン　岩合光昭
- ライオンはとてつもなく不味い　山形　豪
- サハラ砂漠　塩の道をゆく　片平　孝
- 反抗と祈りの日本画　中村正義の世界　大塚信一
- 藤田嗣治　手紙の森へ　林　洋子

a pilot of wisdom

集英社新書　好評既刊

ザ・タイガース 世界はボクらを待っていた
磯前順一　0714-B

沢田研二をはじめとしたメンバー達の上京から解散まで、GS界の巨星の軌跡を膨大な資料で活写する一冊。

世界と闘う「読書術」 思想を鍛える一〇〇〇冊
佐高 信／佐藤 優　0715-C

激変する社会で、自らの思想を鍛えるのは読書しかない。ふたりの知の巨人が読書を武器にする方法を説く。

ブルーライト 体内時計への脅威
坪田一男　0716-I

スマートフォンやタブレット、LED照明など増え続けるブルーライトの使用に警鐘を鳴らし、対策を伝授。

ミツバチ大量死は警告する
岡田幹治　0717-B

同時多発的に大量のハチが姿を消す、蜂群崩壊現象。その主原因とは戦慄の化学物質だった！

ウィーン楽友協会 二〇〇年の輝き〈ヴィジュアル版〉
オットー・ビーバ／イングリード・フックス　031-V

ウィーンを音楽の都として世界中に名をしらしめたのはウィーン楽友協会の存在だった。協会の歴史に迫る。

本当に役に立つ「汚染地図」
沢野伸浩　0719-B

地図データを駆使した防災研究を専門とする著者が、福島第一原発周辺汚染状況の3Dマップなどを提示。

日本ウイスキー 世界一への道
嶋谷幸雄／輿水精一　0720-H

世界のウイスキー賞で最高賞を連続受賞する日本ウイスキー。世界を驚かせた至高の味わいの秘密を明かす。

絶景鉄道 地図の旅
今尾恵介　0721-D

貴重な地図を多数収録し、日本の名勝を走る鉄道を紹介。時空を超えた旅を味わうことができる珠玉の一冊。

心の力
姜尚中　0722-C

『悩む力』『続・悩む力』に続く、姜尚中の〝漱石新書〟第三弾。刊行一〇〇周年『こころ』を深く読み解く。

「闇学」入門
中野 純　0723-B

昼夜が失われた現代こそ闇の文化を取り戻し五感を再生すべきだ。闇をフィールドワークする著者の渾身作。